30일 완성 초등 문해력의 기적

7세부터 초3까지 독서·어휘·쓰기로 잡는 엄마표 문해력 수업

30일 완성
초등 문해력의
기적

장재진 지음

북라이프
booklife

30일 완성 초등 문해력의 기적

1판 1쇄 인쇄 2021년 11월 23일
1판 1쇄 발행 2021년 11월 30일

지은이 | 장재진
발행인 | 홍영태
발행처 | 북라이프
등 록 | 제2011-000096호(2011년 3월 24일)
주 소 | 03991 서울시 마포구 월드컵북로6길 3 이노베이스빌딩 7층
전 화 | (02)338-9449
팩 스 | (02)338-6543
대표메일 | bb@businessbooks.co.kr
홈페이지 | http://www.businessbooks.co.kr
블로그 | http://blog.naver.com/booklife1
페이스북 | thebooklife
ISBN 979-11-91013-34-4 13590

* 잘못된 책은 구입하신 서점에서 바꾸어 드립니다.
* 책값은 뒤표지에 있습니다.
* 북라이프는 (주)비즈니스북스의 임프린트입니다.
* 비즈니스북스에 대한 더 많은 정보가 필요하신 분은 홈페이지를 방문해 주시기 바랍니다.

비즈니스북스는 독자 여러분의 소중한 아이디어와 원고 투고를 기다리고 있습니다.
원고가 있으신 분은 ms3@businessbooks.co.kr로 간단한 개요와 취지, 연락처 등을 보내 주세요.

프롤로그

상대방의 말을 듣는다, 내 이야기를 한다, 책을 읽는다, 글을 쓴다… 모두 일상에서 이루어지는 문해력에 관련된 활동이다. 문해력이라고 하면 흔히 읽는 것만을 생각하는데, 더 정확하게는 이해와 표현이 이루어지는 모든 활동을 문해력이라고 보는 것이 맞다. 문해력은 생각을 표현하는 말하기와 쓰기, 다른 사람의 생각을 이해하는 듣기와 말하기 모두에서 중요하다.

언어력, 어휘력 그리고 문해력은 서로 영향을 주고받는다. 문해력이 떨어지는 아이가 어휘력에 문제가 있는 경우가 많고, 어휘력에 문제가 있는 아이는 그 시작인 언어력에서부터 어려움을 겪는 경우가 많다. 따라서 아이가 성장하는 동안 어느 것 하나도 소홀할 수 없다.

최근 문해력이 이슈가 되기 전에도 나는 '글'에 대해서 많은 고민을 했다. 어떻게 하면 잘 읽을 수 있을까, 어떻게 하면 어휘력을 키울 수 있을까, 그리고 어떻게 하면 잘 쓸 수 있을까. 이는 아이의 초등학교 시기를 고민하는 모든 엄마들의 이슈이기도 하다.

초등학교 진학은 분갈이하는 화분과 같다. 작은 화분에 심은 나무가 크게 자라 더 큰 화분으로 옮겨 심는 과정이 필요하듯 초등학교에 입학한다는 것은 더 크고 새로운 화분으로 아이가 옮겨가는 것이다. 그래서 새로운 화분에 다시 뿌리 내리고 더 크게 자랄 수 있도록 해줘야 한다.

이러한 시점에서 엄마의 관심은 어떤 말로 아이가 책을 읽고 글을 쓰게 하고, 아이의 학습적인 욕구를 불러일으킬 것이냐 하는가다. 초등학교 저학년 시기는 엄마의 말이 효과가 있고 엄마의 칭찬과 격려에 목말라한다. 그런데 한편으로 엄마는 학교 선생님이나 독서 논술 전문가에게 아이를 맡기고 싶어 하기도 한다. 초등학교 시기부터는 엄마가 아닌 전문가가 그 역할을 해야 할 것이라고 스스로 역할을 제한하는 것이다. 하지만 문해력의 골든타임이라 할 수 있는 초등학교 저학년 시기에 엄마의 역할은 매우 중요하다.

첫아이가 태어났을 때 나는 누구보다도 가장 귀하고 행복하게 아이를 키울 수 있다고 생각했다. 그만큼 아이가 나를 바라보는 눈빛, 움직이는 몸짓 하나하나가 너무 소중했다. 아이가 목을 가누고 뒤집고 혼자 앉는 과정은 조금 더뎠지만 '아이들이 다 똑같이 자라지는 않으니까' 하고 생각했다. 그러다 문득 '아이가 잘 듣지 못하나?' 하는 의심이 들었다. 혹시나 하고 아이를 병원에 데려가 귀 관련 검사를 하고 청천벽력 같은 소리를 들었다.

"어머니, 이 아이는 옆에서 비행기가 떠도 못 듣습니다."

그때 의사의 냉정한 말투가 아직도 귀에 생생하다. 귀가 들리지 않는 아이와 어떻게 소통해야 할지 고민하다가 생후 15개월에 인공와우 이식 수술을 받았다. 인공심장이나 인공신장처럼 달팽이관 기능을 대신 해주는 전극을 이식하면 아이가 들을 수 있다고 했다. 하지만 의사는 '인공와우 수술을 해도 제대로 들을 수 있는 가능성은 적다'며 이는 청신경에 문제가 있기 때문인데 의학적으로도 해결되지 않는다고 했다. 예상대로 청신경 문제는 언어재활에 가장 큰 걸림돌이었다.

귀가 아닌 인공와우로 듣는 아이가, 심지어 청신경에 문제가 있는 아이가 언어치료를 받고 말을 배우는 과정을 거치는 동안 기적은 일어나지 않았다. 아이는 의사가 예측한 대로 언어가 잘 늘지 않았다.

어떻게 언어치료를 하는 게 좋을지, 어떻게 해야 언어력을 늘릴 수 있을지 고민하던 나는 결국 언어치료 공부를 택했다. 그리고 아이에게 적극적인 언어 자극을 주기 위해서 노력했다. 어렵더라도,

정해진 방법이 없다 하더라도 엄마니까 노력했다.

　천천히 언어가 늘어가는 과정에서 가장 중요한 것은 어휘였다. 어떤 단어를 아느냐, 어떤 단어를 말할 수 있느냐였다. 그리고 본격적인 어휘 폭발기는 기본 단어가 쌓이고 한글을 알고 글을 읽기 시작하면서였다. 아이가 듣는 데 한계가 있다 보니 녹음기나 유튜브를 이용하는 것이 아닌 내가 직접 아이에게 다양한 이야기를 들려주어야 했다. 또 듣는 것이 어려우니 책을 읽으며 다양한 지식을 쌓는 것이 매우 중요했다. 아이에게 한국어능력시험을 정기적으로 치르게 하면서 말과 글에 지속적으로 도전하게 했다. 아이가 좋아하는 분야의 어휘는 수준을 가리지 않고 들려주고 보여주었다. 그 과정에서 제일 중요한 것은 책이었다. 책에서 알게 된 지식을 바탕으로 말과 글을 통해 아이와 이야기를 나누는 기회를 자주 가졌다. 언어를 배우고 확장해가는 과정에서 아이 스스로의 노력만이 아니라 엄마의 노력도 필요했다. 잘 듣지 못하는 아이였기에 글을 읽고 이해하고 어휘를 확장해가는 능력, 즉 문해력은 듣고 이해하는 능력보다 더 필요하고 중요했다.

　한편 작은아이의 유아기 언어 발달은 놀라웠다. 자연스러운 표현력과 어휘력을 구사했던 작은아이는 큰아이와는 다른 고민을 안겨주었다. 말이 빠르고 반짝반짝한 어휘로 매번 나를 놀라게 했다. 어디서 그런 말을 배워 오는지, 어떻게 알고 그런 말을 하는지 놀라움의 연속이었다.

그런데 언어 발달이 좋았던 아이가 그것만으로는 충분하지 않다는 사실을 깨닫게 된 것은 초등학교 입학을 앞두고서였다. 읽고 쓰는 문제는 초등학교 과정을 준비하고 초등학교를 제대로 다닐 수 있도록 하는 데 필수적인 사항이다. 한글 공부를 늦게 시작한 작은아이는 입학일이 다가오는데도 한글을 제대로 읽고 쓰지 못했다. 다만 한글을 늦게 알았다고 해서 글을 이해하는 데 크게 문제 되지 않았던 것은 그동안 쌓아온 어휘력이 워낙 좋았기 때문이다. 글을 알기 시작한 것은 다소 늦었지만 어휘력이 좋다 보니 한글을 읽기 시작하자 글을 이해하는 것은 생각보다 훨씬 수월했다. 오히려 한글을 받아들이며 내용을 이해하는 과정이 자연스러웠다. 그것은 한글 능력이 아니라 어휘력, 그리고 글을 다루는 능력인 문해력의 힘이라는 생각이 들었다.

내가 키운 두 아이도, 내가 언어치료로 만난 다른 많은 아이들도 초등학교 입학을 앞두고, 혹은 학교를 다니면서 맞닥뜨린 문제 중 가장 고민에 빠지게 한 것은 문해력이었다. 예전보다 미디어 노출이 많아진 요즘 아이들은 글을 읽고 쓰는 능력에서 어려움을 겪는다. 단어를 이해하는 능력도, 글 전체를 이해하는 능력도 첩첩산중이다. 말에 대한 고민을 일단 넘었다 했는데 초등학교 입학을 앞두고 글이 더 큰 문제가 됐다.

발음이 부정확하다거나 말하는 능력이 다소 부족하더라도 글에 대한 이해나 어휘력이 좋은 아이는 학교에서 학습하는 데 크게 어려움이 없다. 말을 잘하는 아이라고 해서 학습을 제대로 해낸다는 보장도 없다. '글을 읽어도 이해가 되지 않는다'는 경우가 줄을 이었다. 발음이나 말하는 것에만 신경 쓰다가 막상 초등학교 고학년 때 힘들어하는 많은 아이를 보면서 참으로 안타까웠다.

문해력을 높이기 위한 출발점은 아이의 문해력 수준을 정확하게 아는 것이다. 그리고 문해력 수준을 끌어올릴 수 있는 방법을 알아야 한다. 책만 많이 읽는다거나, 엄마가 읽고 쓰는 문제에 끊임없는 잔소리를 하거나 혹은 '너무 잘한다'와 같이 무조건 칭찬만 하는 것은 크게 도움이 되지 않는다. 또한 단어를 외운다고 해서, 어휘 문제집을 열심히 푼다고 해서 어휘력이 쉽게 느는 것도 아니다. 그렇다면 어떻게 해야 할까? 내 아이를 누구보다도 잘 아는 엄마의 말에서부터 아이의 문해력이 자랄 수 있고, 글을 읽고 이해하고 쓰는 능력이 발달할 수 있다.

이 책에서는 '아이를 어떻게 지도하라', '이렇게 고쳐라'가 아닌 아이의 문해력을 발달시키기 위한 수준별·단계별에 따른 엄마의 대화법을 담았다. 아이의 문해력 향상을 위해서 엄마가 실행해야 할 구체적 방법을 중심으로, 어떤 질문으로 어떻게 대화를 이끌어가야 하는지 읽기, 어휘, 쓰기로 구분해 단계별로 제시한다.

제1장에서는 내 아이의 문해력을 진단하는 방법부터 왜 문해력이 중요한지, 엄마표 질문이 어떻게 아이의 문해력을 키우는지 설명했다.

제2장에서는 문해력의 필수 요소인 읽기 능력을 제대로 키우는 방법을 안내한다. 아이가 막 읽기 시작하고 글자를 단순하게 읽는 단계인 초기 단계, 아이의 읽기 독립이 이루어지면서 글의 이해가 시작되는 독립 단계, 다양한 글을 통해 자신의 경험을 함께 나눌 수 있는 감상 단계로 나누어 엄마가 단계별로 어떻게 읽기에 접근해야 하는지를 다루었다.

제3장에서는 나이나 학년, 심지어 언어력이 같다고 해도 어휘력이 같지 않을 수 있다는 점을 강조했다. 문해력의 기반인 어휘력을 기초·확장·심화 단계로 나누어 이를 어떻게 촉진할 수 있는지를 다루었다.

제4장에서는 문해력의 마지막 단계가 자기표현이라는 점을 강조했다. 쓰기를 막 시작하는 단계부터 글 한 편을 써내는 단계까지 문해력과 쓰기 능력을 어떻게 연결해야 하는지에 집중했다.

또한 읽기·어휘·쓰기 습관을 30일에 완성할 수 있는 학습 로드맵을 제시했다. 한번에 모든 것이 이루어질 것이라고 생각하면 안 된다. 하루에 많은 양을 소화하기보다는 적정한 분량을 아이와 함께 소화해나가면 30일 후에는 아이의 문해력이 놀랍게 성장해 있음을 느낄 수 있을 것이다.

여기에 수록된 엄마의 대화법은 내 아이들에게 엄마로서 했던 말이기도 하고, 언어치료를 하는 아이들과 수많은 엄마들에게 안내했던 말이기도 하다. 특히 아이 수준별로 쉽게 적용할 수 있도록 구성했기에 달라진 아이의 모습을 만나게 될 것이다. 더 나아가 엄마의 꾸준한 노력이 더해진다면 아이에게 평생이 든든할 문해력을 선물할 수 있다.

책을 쓰는 동안 글 쓰는 엄마를 이해해주고 컴퓨터 자판을 기꺼이 양보해준 두 아이에게 고마움을 전한다. 내가 언어치료를 전공하는 대학생들을 가르치고 아이들과 엄마들을 만나는 언어치료사로서 바쁘게 일하면서 2017년부터 지금까지 매년 한 권씩 책을 낼 수 있었던 것은 엄마가 내는 책을 자랑스러워하는 두 아이 덕분이다. 아울러 나에게 글을 읽고 쓰는 능력을 키울 수 있도록 해주신 부모님께 감사드린다. 내가 읽고 쓰는 것을 좋아하게 된 것은 그런 환경을 만들어주신 부모님 덕분이다.

책을 제안해주시고 책 색깔에 맞는 편집 작업을 함께 고민해주신 북라이프 관계자 여러분께도 감사의 마음을 전한다. 이렇게 책을 제안해주시지 않았다면, 내 마음속에 담겨 있던 문해력에 대한 이야기와 경험을 나눌 용기를 내지 못했을 것이다.

언어치료를 하면서 만나는 많은 아이들, 언어 능력에 대한 궁금증을 가지고 강의실을 찾아오는 엄마들은 지금도 나에게 참 좋은 스승이다. 언어적으로 완전히 다른 두 아이를 20년 가까이 키우며 쌓인 경험, 그리고 언어치료 과정을 통해 수없이 만난 아이들 덕분에 나는 아직도 성장 중이다. 이 책이 엄마들에게 작은 길잡이가 될 수 있기를, 그리고 불안한 마음에 조금이라두 위안이 되고 도움이 되기를 진심으로 기원한다.

　최근 문해력이 큰 화두가 됐지만 '책'과 '읽기'에만 초점이 맞춰진 것이 안타깝다. 이 책을 계기로 문해력과 관련된 이야기가 좀 더 풍부해지기를, 언어력과의 연관성 안에서 좀 더 다양해지기를 바라는 마음이다.

2021년 11월

장재진

문해력 30일 완성 학습 로드맵
(1~15일 차)

초기 읽기

시작

1일

내용을 예측하게
하는 말
p.57

2일

책에 관심을
갖게 만드는 말
p.63

독서 감상

9일

생각을 확장하도록
돕는 말
p.120

8일

독서 감상의 예를
보여주는 말
p.115

10일

다음 독서로
이어지게 하는 말
p.127

어휘 기본

11일

단어 뜻을
추측해보게 하는 말
p.143

12일

끝말잇기로 단어를
확장하는 말
p.148

아이에게 하루에 얼마만큼의 문해력 수업을 해야 할지 막막하다면, 아래의 학습 로드맵을 따라해보세요. 아이 수준에 맞게 일정을 조정해도 좋습니다. 30일 후, 달라진 아이를 만나보세요.

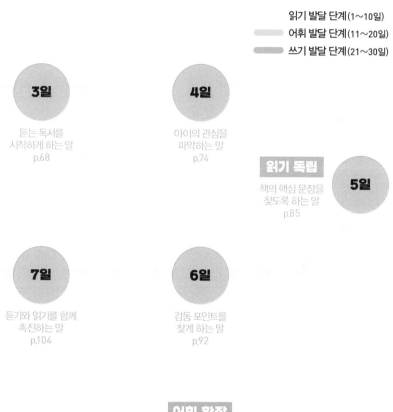

읽기 발달 단계(1~10일)
어휘 발달 단계(11~20일)
쓰기 발달 단계(21~30일)

3일
듣는 독서를
시작하게 하는 말
p.68

4일
아이의 관심을
파악하는 말
p.74

읽기 독립
책의 핵심 문장을
찾도록 하는 말
p.85

5일

7일
듣기와 읽기를 함께
촉진하는 말
p.104

6일
감동 포인트를
찾게 하는 말
p.92

어휘 확장

13일
추상적 개념을 단어로
연결하는 말
p.161

14일
한자어 어휘를
늘려가는 말
p.171

15일
어휘의 쓰임새를
늘려가는 말
p.176

문해력 30일 완성 학습 로드맵
(16~30일 차)

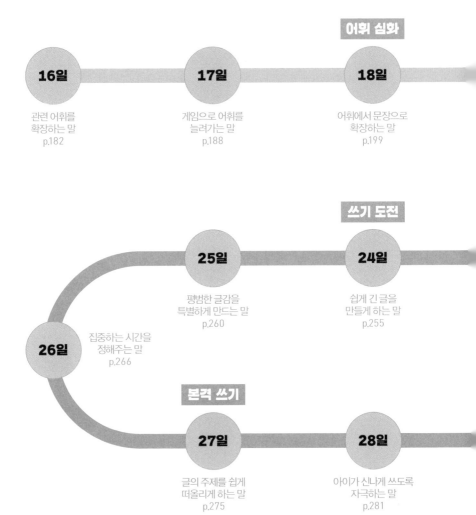

어휘 심화

16일
관련 어휘를
확장하는 말
p.182

17일
게임으로 어휘를
늘려가는 말
p.188

18일
어휘에서 문장으로
확장하는 말
p.199

쓰기 도전

25일
평범한 글감을
특별하게 만드는 말
p.260

24일
쉽게 긴 글을
만들게 하는 말
p.255

26일
집중하는 시간을
정해주는 말
p.266

본격 쓰기

27일
글의 주제를 쉽게
떠올리게 하는 말
p.275

28일
아이가 신나게 쓰도록
자극하는 말
p.281

읽기 발달 단계(1~10일)
어휘 발달 단계(11~20일)
쓰기 발달 단계(21~30일)

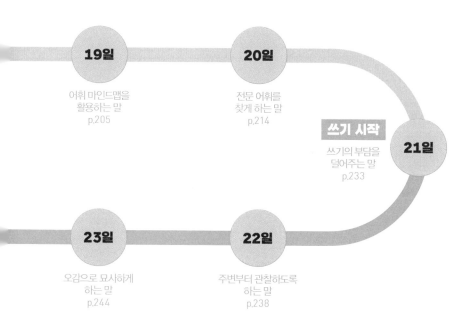

19일

어휘 마인드맵을
활용하는 말
p.205

20일

전문 어휘를
찾게 하는 말
p.214

쓰기 시작

쓰기의 부담을
덜어주는 말
p.233

21일

23일

오감으로 묘사하게
하는 말
p.244

22일

주변부터 관찰하도록
하는 말
p.238

29일

글의 형식을 정하도록
유도하는 말
p.286

30일

다음 쓰기를 도전하게
하는 격려의 말
p.291

완성

차례

 제1장

우리 아이 문해력 어디까지 왔나

제2장 책 읽기를 좋아하는 아이로 만드는 엄마의 대화법

세상의 모든 언어를 아이의 어휘로 만드는 엄마의 대화법

제4장 생각을 잘 표현하는 아이로 만드는 엄마의 대화법

우리 아이 문해력
어디까지 왔나

왜 문해력이 중요한가

"선생님, 우리 아이가 어릴 때는 말도 잘하고 책도 많이 읽었는데, 막상 국어를 제일 어려워하고 성적이 너무 안 나와요. 뭘 더 해야 하나요?"

언어치료나 강의에서 만나는 많은 엄마들이 초등학교 입학을 앞두고 이 같은 고민을 한다. 초등학교 1학년 아이를 둔 엄마는 "아이가 다 잘하고 있는 것 같았는데 막상 학교에 들어가니 생각보다 제대로 못해요."라며 걱정을 호소했다. 글은 잘 읽는데 이해를 못 하는 것 같고, 엄마가 하는 질문에 제대로 대답하지 못하며, 책 내용을 파악하기 어려워한다는 것이다. 말을 못하는 것 같지는 않은데 국어를 힘들어하는 아이에 대해 "우리 아이가 무엇이 문제일까요?"라며 난감해한다.

"선생님, 저희 아이는 또래에 비해 말이 많이 늦었어요. 이제 겨우 말 좀 제대로 하나 했는데 초등학교 들어가니 첩첩산중이에요. 글 읽는 건 완전히 따로 연습해야 하는 건가요?"

3년간 언어치료를 하고 상태가 좋아져 치료를 종결했던 초등학교 2학년 아이의 엄마가 다시 상담을 신청했다. 다른 사람과 대화도 되고 남들이 이상하다고 생각하지 않을 정도로 발음도 정확해졌고 다른 친구들처럼 자기 생각도 잘 표현하는 것 같아서 한시름 놓았는데 초등학교에 들어가 읽기와 어휘라는 문제 앞에서 '이것까지는 챙기지 못했구나' 하고 후회와 한계를 느끼게 됐다는 것이다.

읽어야 할 글은 왜 이리 길고, 문제는 왜 이리 문장이 꼬여 있는지, 아이는 글을 이해하는 문제에 맞닥뜨리게 됐다. 그러다 보니 엄마들의 고민은 '학교에 가니 어디서부터 손을 대야 할지 모르겠다'는 것이다.

앞의 두 아이 모두 글의 이해와 표현, 즉 문해력에 어려움이 있음을 파악하고 다양한 접근을 시도했다. 초등학교 수준의 다양한 어휘를 단순한 단어 수준에서 그치지 않고 확장하는 과정을 거쳤고, 자기 생각을 말로 정리해보는 과정도 시도했다. 엄마들의 적극적인 참여와 관심도 함께했다. 꾸준함이 있었기에 아이들은 천천히 성장해갈 수 있었다. 어휘를 자기 것으로 소화하는 연습이 충분히 이루어진 뒤에야 글에 대한 이해도 급속히 변화하기 시작했다.

초등학교에 입학하고 읽기와 쓰기 등 국어 학습에서 문제가 발견되는 순간 엄마의 고민이 시작된다. 아이의 문제가 도대체 어디서 시작된 것인지, 듣고 말하고 대화하는 것만으로 부족한 것이 무엇인지를 아무리 생각해도 알 수 없다며 답답해한다.

이렇듯 아이가 초등학교에 들어가는 것, 혹은 초등학교 입학을 준비하는 것은 엄마에게 새로운 고민을 던져준다. 아기였을 때는 '키가 제대로 크는지', '몸무게는 잘 느는지', '밥은 잘 먹는지'만으로도 충분했던 관심이 아이의 성장에 따라 조금씩 변화하게 된다. 특히 초등학교 입학을 앞두고 다른 아이들과 비교해 '말은 제대로 하는지', '한글은 제대로 익혔는지', '읽기, 쓰기 준비는 잘돼가는지' 등 '아이가 잘 크고 있는가'에 대한 관점이 달라지는 것이다. 그러다 보니 많은 엄마들이 초등학교 입학을 앞두고 '내가 제대로 해왔나'라는 시험대에 올라간 듯한 느낌을 받게 된다. 사교육에 휘둘리지 않고 소신 있게 아이를 키워왔다고 생각해온 많은 엄마들이 초등학교 입학이라는 문턱 앞에서 '내가 그동안 무엇을 잘못한 것은 아닌가', '지금부터라도 학원에 보내고 남들 하는 것은 다 해야 하지 않나'라는 딜레마에 빠지게 된다.

문해력에 대한 고민도 여기서 출발한다. 아이가 말을 못하는 것도 아닌데 왜 글을 이해하지 못하는지, 왜 단어 뜻을 정확하게 알지 못해서 어려워하는지 이해가 되지 않는 것이다. 특히 이런 고민이 시작되는 시기가 바로 초등학교 입학을 준비할 때다. 초등학교 시기야말로 상위 수준의 어휘와 평생 문해력에 거름이 되는 매우 중요한 때라는 점을 잊지 말아야 한다.

앞의 두 아이 모두 문해력이라는 측면에서 제대로 접근하지 않았다면 초등학교 생활이 결코 쉽지 않았을 것이다. 언어가 늦지 않은 아이와 언어치료를 받아야 할 정도로 말이 늦었던 아이라는 면에서만 보면 두 아이의 문제와 해결 방안이 많이 다를 것 같지만, 두 아이의 문제점은 크게 다르지 않았다. 말은 잘하지만 읽기 능력이 떨어지는 아이, 말이 늦었고 여전히 읽기에 문제가 있는 아이 모두 놓치지 말아야 할 핵심 포인트는 바로 문해력이었다.

문해력을 국어사전에서 찾아보면 '문자를 읽고 쓸 수 있는 일 또는 그러한 일을 할 수 있는 능력'을 말한다. 즉 단순히 읽는 능력뿐만이 아니라 '다양한 내용의 글과 출판물을 사용해 정의, 이해, 해석, 창작, 의사소통 등을 할 수 있는 능력'이다. 넓게는 말하기, 듣기, 읽기, 쓰기 같은 언어의 모든 영역을 포함한다. 따라서 문해력이 좋다는 것은 언어를 다루고 이해하고 활용하는 능력이 좋다는 뜻이다. 언어를 다루는 능력인 언어 능력이 좋아지면 문해력에도 영향을 미친다. 이렇게 언어 능력과 문해력은 서로 영향을 주고받으며 발달한다.

우선 '어떻게 하면 문해력을 높일 수 있을까'를 이야기하기에 앞서 내 아이의 문해력이 어느 수준인지 정확하게 파악해야 한다. '글을 읽을 줄 알면 충분하지, 더 이상 어떤 문해력 수준을 이야기하느냐'고 반문할 수 있다. 하지만 글을 읽을 줄 안다고 해서 책을 읽을 수 있는 것은 아니다. 마찬가지로 어휘를 많이 안다고 해서 문해력이 좋다고 보기도 어렵다.

따라서 우리 아이의 문해력이 어느 수준인지 반드시 알아야 한다. '읽지 못하는지, 읽을 수 있는데 이해가 안 되는지, 읽고 이해도 어느 정도 하는데 관련된 이야기에 대한 추론을 제대로 못 하는지' 다양한 관점에서 생각해봐야 한다.

아이의 문해력 수준을 이야기할 때 '이해'라는 측면에서 다음과 같은 두 가지 질문을 던질 수 있다.

- 어느 정도 수준의 어휘를 이해할 수 있는가?
- 어느 정도 길이의 글을 이해할 수 있는가?

이 질문에 명확한 답을 하지 못한다면, 아이의 문해력이 어느 수준인지 정확하게 파악하지 못하고 있는 것이다. 그러면 당장 아이의 문해력을 높이기 위해 어디서부터 어떻게 시작해야 하는지 명확한 출발점을 잡지 못한다. 출발점이 명확해야 방향도 정확하게 잡을 수 있다.

글을 이해하는 데는 어휘력 못지않게 배경지식이 필요하다. 단어에 배경지식을 합쳐야 진정한 의미의 문해력이 된다. 똑같은 신발이라고 해도 "새 신을 신고 뛰어보자 팔짝!" 할 때의 아이 신발과 "나는 내 신발을 꼭 끌어안고 잠이 들었다."의 1960년대 동화에 나오는 신발은 그 의미가 엄연히 다르다.

'새 신을 신고 뛰는 감정'이나 '신발을 꼭 끌어안고 자는 이유'를 문맥 안에서 정확하게 파악하려면 '아이의 귀여운 신발'인지 '신발을 끌어안고 잘 정도로 운동화가 귀한 시절'인지에 대한 배경지식이 있어야 한다. 글을 이해해야 흥미도 느끼고 감동도 받을 수 있다.

언어를 잘 다루는 능력은 다른 사람의 생각을 이해하고 내 생각을 표현할 수 있다는 점에서 매우 중요하다. 특히 초등학교 자녀를 둔 엄마는 듣고 말하는 능력보다 읽고 쓰는 능력에 좀 더 초점이 맞춰질 수밖에 없다. 이러한 읽고 쓰는 능력을 키우는 힘이 바로 문해력의 출발점이다. 그리고 초등학교 저학년 시기야말로 문해력을 키울 수 있는 가장 적기임을 기억해야 한다.

아이의 문해력 수준을
어떻게 파악할까

독서에 관련된 여러 연구를 살펴보면 우리나라 학생들은 읽기에 대한 기본기가 좋아서 독서를 별로 하지 않는 하위권 나라들과 비교했을 때는 상위권이지만, 독서 시간이 많은 다른 나라들과 비교하면 읽기 능력이 오히려 떨어진다고 한다. OECD(경제협력개발기구)에서도 우리나라 독서 실태에 대해 "한국 학생들은 암기력이나 응용력은 뛰어나지만, 과제의 목적을 파악하는 능력이나 텍스트의 중심 생각을 파악하는 독서력은 부족하다."라고 밝혔다. 우리나라는 독서 교육을 포함한 문해력을 무척 강조하고 있지만 책 읽는 시간이 절대적으로 부족할 뿐만 아니라 깊이 있는 독서가 부족한 것이 현실이다. 따라서 내 아이의 독서 지수와 문해력에 대해서 반드시 재점검할 필요가 있다.

그렇다면 아이의 문해력을 길러줄 적당한 시점은 언제일까? 언어 조작기인 4~5세부터 시작해 언어 능력이 확립되는 12세쯤에 완성된다고 보는 견해와 맞물려 12세쯤에 독서 능력의 많은 것이 갖춰진다는 의견이 있다. 반면 청소년기, 어른이 돼도 계속 발전한다는 의견도 많다. 어찌 됐든 초등학교 시기가 문해력을 키우는 데 가장 적절하고, 폭발적으로 성장한다는 점은 확실하다. 이렇게 키워진 문해력은 학습 능력을 기르는 데 필수적이다.

아울러 장 피아제Jean Piaget의 발달심리학에 따르면 초등학교 시기는 구체적 조작기로 체계적이고 논리적인 사고가 발달한다. 이때 '생각하는 뇌'라고 불리는 전두엽, 그중에서도 전전두엽이 활발하게 성장한다. 아이의 평생 지능 수준을 결정하는 것이 바로 이 전두엽과 전전두엽의 발달이다. 전두엽과 전전두엽은 인지력, 사고력, 이해력, 논리력, 추론 등 공부를 하는 데 매우 중요한 기능을 담당하는 영역이다. 따라서 초등학교 시기는 전전두엽의 발달로 글과 어휘에 대한 이해와 표현을 다양하게 확장할 수 있어 문해력을 키우기 가장 좋은 시기이다.

같은 글이라도 읽는 사람에 따라 감동, 생각, 깨우침이 각각 다르다. 여기에 배경지식을 채워 넣기도 한다. 문해력은 어휘에 배경지식이 합쳐진 것이지만 읽기를 통해 배경지식을 다시 만들어낼 수 있다. 그리고 생각을 표현하는 방법으로 쓰기를 이용하기도 한다. 어휘, 읽기, 쓰기는 뫼비우스의 띠처럼 서로 간의 상호작용으로 문해력과 영향을 주고받는다. 이러한 과정을 통해 문해력이 길러지고 배경지식은 더 탄탄해진다. 결국 어느 것이 더 위에 있는 것이 아니라 서로 영향을 주면서 결합하는 것이다.

따라서 지금 아이가 어느 정도 읽어내는지, 어떻게 글을 이해하고 글자나 문자와 생각을 결합할 수 있는지를 진단하는 것이 필요하다. 아이의 문해력 수준이 어디까지 와 있는지 확인하려면 다음의 단계를 살펴보자. 독서에 대해 연구한 학자들의 의견을 중심으로 만든 읽기 6단계인데, 문해력과 연결해서 보기에도 유용하다.

- 1단계 : 읽은 것을 아는 단계
- 2단계 : 해석하고 이해하는 단계
- 3단계 : 이해한 것을 적용할 수 있는 단계
- 4단계 : 분석할 수 있는 단계
- 5단계 : 여러 생각을 종합해 결론을 내리고 새로운 생각을 할 수 있는 단계
- 6단계 : 판단할 수 있는 단계

초기 읽기 단계(1~3단계)에서는 자유로운 읽기, 자연스러운 해석, 이해만으로도 충분하지만 독서 감상 단계(4~6단계)에 들어서면

조금 더 심화된 단계로 나아가야 한다. 우리 아이의 읽기 단계가 어디까지 와 있는지 한번 대입해보자. 1~3단계 정도라면 아직 초기 읽기 단계에 머무르고 있다. 읽기와 문해력이 4~6단계까지 나아가도록 하려면 아이의 수준을 정확하게 알아야 한다.

그 전에 책을 읽는 속도나 집중도가 떨어지지 않는지 확인해야 한다. 책을 읽고 있지만 무슨 내용인지, 등장인물이 누구인지, 바로 앞 페이지의 내용이 뭔지 모른다거나, 책을 읽으면서도 계속 주변을 두리번거린다면 분명히 책에 집중하지 못하고 있는 것이다.

이렇게 책에 집중하지 못하는 이유를 몇 가지로 요약할 수 있다. 책이 너무 어려워서 읽기 어려운 경우, 어휘력이 부족한 경우, 글자 크기나 그림이 아이가 읽기에 부적합한 경우, 다른 재미있는 것이 있어서 자꾸 관심을 뺏기는 경우 등이다. 따라서 아이 수준에 맞게 책을 바꿔주고, 스마트폰 같은 다른 것에 관심을 뺏기는 경우라면 그것을 치워 책에 집중하게 해야 한다.

아이가 먼저 읽겠다고 덤벼들 만큼 충분히 재미있는 주제이고 집중도 할 수 있는 상황인데 제대로 책을 읽지 못한다면 더욱 문해력을 의심해야 한다. 물론 문해력에 문제가 있는 것인지 글 자체가 어려운 것인지는 반드시 확인해야 한다.

만화책만 읽는 아이는 만화책을 읽는 그 자체가 중요한 것이 아니다. 만화책은 좋아하는데 책은 싫어한다고 말하는 아이 중에는 읽기 능력이 부족하거나 사고력이 부족한 경우가 많다.

책은 문자로 되어 있다. 아이는 문자를 읽으면서 문자를 장면으로 구성해 기억한다. 그러므로 사고력, 문자 인식 능력, 문해력이 부족하면 읽은 내용을 장면으로 구성하기 어렵고 줄거리를 제대로 이해하기도 쉽지 않다. 자연스럽게 글자 중심의 책 읽기가 부담스러워지고 이미지가 있는 만화책을 찾게 된다. 이런 경우는 만화책 읽기에 어느 정도 제한을 두면서 낮은 수준이라도 글로 된 책을 읽게 하는 것이 필요하다. 만약 글을 읽는 것에 큰 어려움이 없다면 만화책은 쉬는 시간이나 중간에 짧게 접하게 하는 것이 좋다.

아이에 대한 정확한 이해와 기준 없이 '어떻게 하면 책을 좋아하게 만들까?', '어떻게 하면 문해력을 높일 수 있을까?' 고민하는 것은 모래 위에 집을 짓는 것과 같다. 아무리 맛있는 케이크라도 갓난아기에게 먹일 수는 없다. 반대로 아이가 고기를 먹을 수 있을 정도로 자랐는데 묽은 이유식만 먹여서도 안 된다.

아이에게 문해력이라는 맛있는 음식을 주려면 아이가 얼마나 좋아하고 어느 정도 소화할 수 있는지를 정확하게 파악해야 한다. 어떤 방법으로 요리해주어야 좋아하는지도 알아야 한다. 그 후에 문해력을 키울 수 있는 구체적인 방법을 고민해도 늦지 않다.

문해력 판단 기준은
교과서다

"교과서 읽기가 너무 어려워요. 몇 번을 읽어도 잘 모르겠어요."

초등학교 3학년만 돼도 많은 아이들이 하는 말이다. '무슨 말인지 모르겠다'는 것은 그 단어가 무엇인지는 아는데 문맥 안에서 무슨 뜻인지 잘 모르겠다는 것이고, 글이나 문장이 이해되지 않는다는 뜻이다.

"학년별 권장 도서 읽기도 바쁘고 연계 독서도 해야 하는데 집에서 교과서까지 읽어야 하나요? 교과서는 학교에서 공부하는 건데 따로 봐줄 필요가 없지 않을까요?"

책의 중요성, 독서의 중요성을 누구보다 잘 아는 엄마도 교과서를 등한시하는 경우가 너무도 많다. '교과서는 내가 신경 쓰지 않아도 다 읽어내겠지', '교과서는 수업 시간에 선생님이 설명해주니 다 이해하겠지'라는 막연한 기대감이 있다. 그리고 해야 할 다른 사교육이 많으니 교과서를 신경 쓰지 않는 마음도 충분히 이해가 된다.

초등학생에게 교과서는 기본 중의 기본이다. 학교에서 배우는 지식은 모두 교과서에 있고, 교과서를 읽어야 지식이 쌓이고 공부하는 힘도 쌓인다. 교과서를 읽지 못하면 학업 성취도가 떨어지는 건 당연하다.

교과서를 못 읽는 것은 소수의 아이에게만 해당하는 일이 아니다. 교과서를 제대로 이해하지 못하는 아이, 즉 문해력이 떨어지는 아이가 생각보다 많다. 교과서에 대한 이해가 부족한 아이는 초등학교 저학년일 때는 그 수가 적지만 학년이 올라갈수록 점점 늘어난다. 수업 시간에 교과서가 읽기 힘들다면 수업 시간이 싫어지고, 공부도 싫어지고, 학교 가는 일 자체가 싫어진다.

초등학교 교과서보다 더 어려운 것이 중·고등학교 교과서다. 초등학교 교과서와 달리 중학교부터는 교과서에 다양한 설명 글이 등장한다. 교과서에 나오는 어휘도 초등학교에 비해 훨씬 더 심화된다. 사회문화, 역사, 윤리 등 다양한 과목이 추가되고, 각 과목의 개념이 더해져 어려워진다. 기본 어휘가 쌓여 있지 않은데 어떻게 교과서를 이해할 수 있을까.

교과서를 이해하지 못하는 아이의 대부분은 그 학년에 맞는 글을 이해하지 못한다고 봐도 무방하다. 특히 학습적 어휘에서는 더욱 심각한 차이를 드러낸다. 예를 들어 우리나라 역사 중 청동기 문화를 이해하려면 당시 배경지식이 포함된 사회나 역사 교과서를 기본적으로 읽어야 한다. 교과서만큼 사회·역사적인 어휘와 시대적 배경에 대한 설명이 잘된 교재는 찾기 어렵다. 그 학년, 그 나이에 맞게 개념을 정리해놓은 것도 교과서다. 똑같은 청동기 문화를 설명하더라도 초등학교 5학년 교과서와 중·고등학교 교과서에 사용하는 용어와 개념이 조금씩 다르다.

그런데 초등학교 교과서에 청동기 문화가 처음 나왔을 때 청동기의 뜻을 제대로 이해하지 못하거나 청동기 문화를 설명하는 교과서를 제대로 읽을 수 없다면 청동기 시대와 관련된 다른 책도 이해하기 어렵다. 초등학교 교과서에서 청동기 문화를 이해하지 못했다면 중·고등학교 교과서에 나오는 더 심화된 청동기 문화를 이해하는 것은 불가능하다.

선생님 : "It was very considerate of him to wait....

　　　　　자, 여기서 considerate는 사려 깊다는 뜻이에요."

아이 1 : "선생님, 사려가 뭔지 모르겠어요."

아이 2 : "사료가 왜 깊어야 하는 거예요? 많다가 아니라?"

아이 3 : "사려 깊다가 무슨 뜻이에요?"

간단한 영어 문장에서도 알 수 있듯이 영어 해석에서 중요한 한 가지는 국어 어휘력이다. 국어에 대한 기본 어휘력이 갖춰져야 영어도 적절하게 해석할 수 있다. 이 부분에 대한 중·고등학교 영어 선생님들의 하소연은 어제오늘 일이 아니다. 우리말이 안 돼서 영어 해석이 안 되고 교과서 진도를 나갈 수가 없다니, 참으로 안타까운 일이 아닐 수 없다.

그렇기에 초등학교 저학년 때 교과서를 올바른 발음으로 제대로 끊어 읽어야 한다. 제대로 읽기와 띄어 읽기가 안 되면 글 내용을 정확히 파악하기 어렵기 때문이다. 문해력의 시작은 '제대로 읽기'다. 글을 유창하게 읽어내는 것과 글을 이해한다는 것은 서로 연결되어 있다. 글을 잘 읽어야 제대로 이해할 수 있고, 글을 잘 이해해야 제대로 유창하게 읽을 수 있다.

유창하게 읽는 것이 안 되면 내용을 잘못 이해하는 경우가 많다. 앞 문장의 내용과 다음 문장의 내용을 연결하기도 쉽지 않다. 수업 내용을 제대로 이해하지 못하니 교과와 관련된 지식이 제대로 쌓이기는 더더욱 어렵다.

교과서가 기본이라고 해서 매일 교과서를 소리 내어 읽으라는 것은 아니다. 교과서에 나오는 어휘를 충실하게 학습해나가면 이후 고학년 수업과 연결되고, 문해력을 키워가는 토대가 된다는 것이다.

따라서 교과서 대신 다른 훌륭한 교재로 문해력과 어휘력을 기르겠다는 생각은 금물이다. 초등학생에게 가장 중요한 어휘는 모두 교과서에 들어 있다. 교과서에 나온 어휘를 충분히 자기 것으로 만드는 연습을 지속적으로 해야 한다.

아울러 교과서 어휘를 바탕으로 꾸준히 확장하는 연습을 해야 한다. 교과서가 기본이지 전부는 아니라는 것이다. 교과서를 대신할 만한 교재는 없지만, 교과서와 함께 활용할 수 있는 책이나 자료는 많다. 이 자료는 교과서를 통해 습득한 어휘를 좀 더 풍부하게 만들어준다.

집에서 교과서를 읽는 것도 중요하지만 더 중요한 것은 수업 시간에 교과서 어휘를 충분히 자기 것으로 만드는 것이다. 초등학생이라면 수업 시간에 배우는 내용만으로도 충분하다. 교과서를 정독하면서 수업에 집중한다면 초등학교 어휘력과 문해력, 두 마리 토끼를 한꺼번에 잡을 수 있다. 하지만 아이가 그 학년에 맞는 어휘를 제대로 소화하는지 확인하는 것은 엄마가 해야 할 일이다. 엄마의 관심과 응원이야말로 아이가 교과서를 바탕으로 문해력을 쌓아가는 디딤돌이 될 것이다.

독서 습관을 들이는 데는
시간이 필요하다

독서와 읽기에 대한 강의를 할 때마다 엄마들에게 가장 많이 듣는 말 중 하나가, 아이가 책 읽는 것을 보면 답답함을 느낀다는 것이다. 아이가 책을 좋아하는 줄 알았고 혼자 읽을 정도로 성장했다고 생각했는데, 알고보니 책을 제대로 읽는 것 같지 않아 언제까지 책 읽기를 챙겨야 하는지 고민이라는 것이다.

"어릴 때는 책을 엄청 많이 읽었는데 점점 안 읽어요. 어떡하면 좋을까요?"

"책 읽기를 너무 싫어하고 유튜브만 보려고 해요."

"혼자 책 읽는 것을 힘들어해요."

"제가 읽어주지 않으면 이해를 못 해요."

엄마들은 아이가 아주 어릴 때부터 책에 관심을 갖게 하려고 노력한다. 아이가 태어나자마자 초점 책이나 목욕 책을 보여주고 읽어준 경험이 다들 있다. 실제로 독서를 시작하는 나이는 0세라고 봐도 무방하다.

아이들은 자라면서 점점 잘 읽는 아이와 읽지 않는 아이로 나누어진다. 아이가 성장해갈수록 읽기에 집중하고 이해하는 능력의 차이가 커진다. 읽기의 양도 속도도 내용도 점점 더 격차가 벌어진다. 엄마는 아이가 제대로 읽어야 하는 순간에 와서야 아이가 읽고 이해하고 소화하는 능력이 부족하다는 것을 느끼기 시작한다. 더 나아가 아이가 제대로 읽고 있는지 확인하고 싶어진다. 아이가 책을 혼자 읽는데 왠지 불안해지기 시작한다. 글 내용을 제대로 이해한다고 생각하지 않기 때문이다. 그런데 엄마 입장에서는 이 문제가 읽기 능력의 부족 때문인지, 읽기 자체를 싫어해서인지 정확한 이유를 모르는 경우도 많다. 그렇다면 아이가 제대로 읽지 못하는 이유는 무엇일까.

여기서 분명히 짚고 넘어가야 할 것이 있다.

첫째, 아이에게 읽는 방법을 꾸준히 가르쳤지만 책을 읽고 싶어하도록 가르치지 않았다는 것이다. 사람은 누구나 즐거움을 추구한다. 재미있을수록 더 열심히 참여하게 된다. 어른은 싫어도 해야 하는 일을 참고 견디면서 하지만 아이는 싫어하는 것을 온몸으로 거부하고 안 하려고 고집을 피운다. 반면 아이는 좋아하는 감정에 충실하다. 좋아하는 장난감을 가지고 놀고, 좋아하는 보드게임을 하고, 좋아하는 음식을 먹으면서 행복해한다. 그리고 가장 사랑하는 사람은 엄마와 아빠다.

엄마는 아이에게 책을 읽어줄 때 책을 통해 아이와 즐거운 경험을 공유하기 위해서 노력해야 한다. 아이가 책 읽기를 즐거워해야 책을 읽을 때 집중하고 책 읽는 시간을 점점 더 늘릴 수 있다. 아이가 원할 때는 어린아이든 초등학교 고학년생이든 읽어주라는 이유도 여기에 있다.

그런데 엄마가 즐거움이 아닌 다른 목적을 갖고 있으면 아이는 그것을 바로 알아챈다. '엄마가 나에게 책을 읽히려고 하는 거구나', '나를 가르치려고 하는구나' 같은 생각이 드는 것이다. 그 순간 책은 더 이상 즐거움을 주는 수단이나 도구가 되지 못한다. 엄마와 함께 교감하는 시간이 좋았던 책 읽기가 점점 부담스럽고 더 이상 즐겁지 않게 변하는 것이다.

둘째, 읽기는 말하기와 달라서 저절로 습득되는 기술이 아니라는 것이다. 읽기는 스케이트나 자전거 타기와 같다. 잘 타려면 많이 연습해야 하고 때로는 넘어지기도 해야 한다. 그동안 이루어진 각종 연구와 실험에서 많이 읽은 아이가 전문적인 내용을 더 쉽게 읽고 이해하고, 많은 어휘를 사용한 아이가 더 많은 어휘를 빠르게 습득한다는 것이 증명됐다. 또 성별, 인종, 국가, 경제적 배경 등을 막론

하고 어릴 때부터 많이 읽은 아이가 잘 읽고 학습력도 좋다고 한다. 그런데 읽기 습관은 저절로 생기는 것이 아니다. 읽기를 제대로 하기까지는 시행착오도 거치고 책과 멀어지거나 더 재미있는 것에 빠지는 경험도 하게 된다. 어떤 분야에서 전문가가 되거나 몸에 익은 습관으로 만들려면 최소 1만 시간 정도의 훈련이 필요하다는 말이 있다.

마찬가지로 아이가 스스로 읽게 하는 힘은 연습과 노력이 따라야 생긴다. 아이의 문해력을 높이려면 엄마와 아이 모두 많은 노력이 필요하다. 아이에게 책 읽기가 습관이 되게 해야 한다. 이때 중요한 것은 아이에게 동기부여가 될 수 있는 엄마의 말이다. 아이의 문해력을 돕고 문해력을 기반으로 읽기, 쓰기를 확장하기 위해서 동기부여는 필수적이다. 무엇보다 중요한 것은 '어떻게 동기부여를 할 것인가'다.

여기서 놓치지 말아야 할 것은 아이가 하는 말이다.

"엄마도 책 안 읽으면서 나보고만 읽으라고 해요."

"엄마도 맨날 핸드폰만 보면서 나는 왜 핸드폰 못 보게 하는데요?"

문해력은 아이들만의 문제가 아니다. 어른들도 문해력이 급속히 떨어지고, 책 읽는 인구가 크게 감소했다는 이야기가 심심치 않게 들린다. 아이들이 제대로 독서를 못 하는 이유가 엄마는 책을 읽지 않고 아이가 책을 읽는지 안 읽는지 지켜만 보거나, 아이들이 책 읽는 것을 즐길 수 있는 환경이 빈약하기 때문이라는 말이 나올 정도다.

엄마가 핸드폰만 들여다보며 아이에게 책을 읽으라고 했다면, 엄마가 인터넷만 보면서 아이가 유튜브 보는 것을 탓했다면, 시작부터 다시 고민해야 할 것이다. 아이는 엄마를 통해 배운다. 엄마가 먼저 변해야 아이가 책을 사랑하는 사람으로 자라날 수 있다.

엄마표 대화법이
문해력을 키우는 이유

"아이랑 대화는 정말 잘되는데, 왜 읽고 이해를 못하죠?"

"글을 읽을 수는 있는데 내용을 이해하지 못하는 것 같아요. 문제집을 풀 때도 지문을 읽어줘야 해요."

"1학년 때는 잘했는데 3학년이 되니까 완전히 엉망이에요. 뭐가 잘못된 걸까요?"

초등학교 입학 때 우리 아이가 이해하거나 표현하는 어휘가 얼마나 되는지 생각해본 적 있는가? 입학 당시 아이의 어휘력이 중요할까? 아이들이 일상생활에서 사용하는 어휘는 크게 문제가 없는데 학습적 어휘에서 큰 차이가 나타나는 이유는 무엇일까?

초등학교 입학을 앞두고 언어력 혹은 문해력에 대해 깊이 고민하지 않은 엄마들은 실제로 아이의 학습 상황에서 많은 벽에 부딪힐 수 있다. 심지어 초등학교 1~2학년이 아니라 고학년 때 이 문제에 직면하는 경우가 많기 때문에 해결하기에 이미 늦은 것은 아닌가 하는 고민에 빠지게 된다.

아이가 태어나서 갖는 중요한 능력 중 하나는 모방이다. 아이는 보고 들은 것 중 많은 부분을 모방한다. 행동 모방부터 시작해 생후 12개월 전후에 첫 단어를 말하고 24개월이 되면 평균적으로 남자아이는 200여 개, 여자아이는 250여 개의 어휘를 표현하게 된다. 이 시기가 되면 매일 이해하고 표현하는 어휘가 늘어난다고 느낄 정도로 급속한 성장을 한다. 그런데 어휘 발달 속도는 아이마다 다르다. 똑같은 24개월 아이라도 어휘 수준 상위 10퍼센트인 아이는 400개가 훌쩍 넘는 어휘를 말할 수 있고, 어휘 수준이 하위인 아이는 50개도 표현하기 어려워한다. 이렇게 어휘의 격차가 나타나는 것은 엄마가 아이와 어떻게 놀아주고 어떻게 책을 읽어주면서 어휘를 접할 기회를 주었느냐, 혹은 아이가 말로 표현하고 대화를 나눌 기회를 주었느냐와 밀접한 관련이 있다.

어린 시기에 '책을 접한다는 것'은 그림책 내용을 세밀하게 이해하는 것이 아니라 책과 엄마의 목소리에 친숙해지는 것이다. 이 시기에 엄마는 아이가 정보에 집중할 수 있게 만들어야 한다. 아이의 반응을 살피며 그림책을 읽어주고, 흉내도 내면서 이야기를 들려주는 것이 좋다. 그렇게 엄마의 목소리와 그림에 집중하면서 아이는 책을 통해 일상생활과 관련된 어휘를 늘려나간다.

우리나라 아이들에 비해 핀란드 아이들은 늦은 나이에 글을 배우기 시작한다. 그런데 핀란드 아이들의 읽기 수준과 학습 능력은 세계 1위다. 국제교육성취도평가협회IEA에서 실시한 조사에 따르면 10세 수준에서 아이들이 가장 잘 읽는 나라는 핀란드, 미국, 스웨덴, 프랑스 순이었다. 그런데 15세 아이들을 대상으로 했을 때 미국은 10위권 안에 겨우 안착한 반면, 핀란드는 여전히 1위 자리를 지켰다. 미국 아이들은 성장하면서 점점 책 읽기를 멀리하지만 핀란드 아이들은 많은 양의 독서를 하기 때문이다. 이를 통해 독서가 학습 능력에 큰 영향을 미친다는 것과 독서를 꾸준하게 유지하는 것이 얼마나 중요한지 확인할 수 있다.

여기서 꼭 생각해야 할 것이 있다. 어린 시절 어휘력은 글이 아닌 말, 그리고 엄마와의 대화를 통해 늘어난다는 것이다. 따라서 아기 때부터 엄마가 대화하고 소통하려는 시도가 무엇보다 중요하다. 아주 어린 아이는 엄마의 언어 자극과 다른 사람과의 대화를 통해, 그리고 책을 읽어주는 엄마의 목소리를 통해 많은 어휘를 배운다.

하지만 일상 대화에서의 한계는 분명히 존재한다. 어른의 경우도 대화에서 사용하는 어휘가 대부분 1천 개 안쪽이고, 가끔 사용하는 단어를 포함해도 1만 개가 넘지 않는다는 보고가 있다. 어휘력의 궁극적인 힘은 일상적인 대화에서 사용하는 단어를 넘어선 글의 어휘에서 나온다.

말과 글의 어휘는 다르다. 특히 글의 어휘는 매우 특별하다. 초등학교 입학 전후의 아이들은 글을 읽으면서 은유, 비유 등 문학적 표현과 함께 자신이 알고 있는 배경지식을 곁들여 글의 앞뒤 맥락을 연결하면서 해석한다. 일상적으로 쓰는 말은 어려운 표현이나 맥락을 필요로 하는 일이 드물기 때문에 책의 어휘를 이해하는 데 한계가 있을 수밖에 없다.

예를 들어 아이가 급하게 친구를 뒤따라가다 넘어져서 멍이 든 상황이라고 가정해보자.

(1) "엄마, 나 멍 들었어. 어디서 그랬는지 모르겠는데 엄청 아파."

(2) 무릎을 보니 검붉게 멍이 들어 있었다. 어디서 그렇게 된 것인지 알 수 없었다. 아까 친구를 따라가다 그렇게 됐는지도 몰랐다. 그 전에는 아픈지도 몰랐는데 멍을 보자마자 눈물이 났다.

앞의 두 문장을 살펴보자. 단순히 멍이 들어 아파서 우는 아이, 그리고 멍든 것을 보고 친구와의 기억을 떠올리는 아이를 상상해볼 수 있다. 말로 주고받는 이야기와 책에 쓰인 이야기는 다르다. 또 거기서 느껴지는 감정선도 다르다. 자세히 드러나 있지 않지만 그 이유를 추정하기 위해서 앞뒤 문맥을 생각해야 한다.

글의 언어는 말에 비해 훨씬 더 복잡하다. 말은 글에 비해 부정확하고 비문법적이다. 흥미롭고 풍부한 어휘를 담은 언어는 글을 통해 습득이 가능하다는 점을 기억해야 한다.

초등학교 입학 전부터 어휘력을 키우기 위해 노력해야 한다. 배우기 위해서 학교에 가지만, 이미 알고 있는 어휘가 선생님의 말을 이해하고 책 속의 글을 이해하는 데 결정적 요인이 된다. 교육을 받기 시작하는 초기에는 지식 전달이 거의 말로 이루어지기 때문에 어휘를 많이 아는 아이가 더 잘 이해한다. 반면 어휘력이 약한 아이는 최소의 것을 이해하기도 힘들다. 또 우리말의 어휘력이 약한 아이가 영어 등 제2외국어를 소화해내기는 더욱 힘들다. 따라서 외국어를 학습하기 전에 우리말의 어휘력을 다지는 과정이 우선시되어야 한다.

학년이 올라갈수록 교과과정은 점점 더 복잡해진다. 문해력을 키우는 출발점은 초등학교 입학 시기의 어휘력이다. 더 나아가 이때의 어휘력이 더욱 확장돼야 한다는 점, 어휘 문제집 몇 권으로 결코 어휘력을 키울 수 없다는 점, 그래서 내 아이 맞춤형 문해력은 엄마의 노력이 필요하다는 것을 잊지 말아야 한다.

제2장

책 읽기를 좋아하는 아이로 만드는 엄마의 대화법

책 읽기 능력이 중요한 이유

: 책으로 보상하며 읽기를 깊고 넓게 확장하기

"책을 읽었는데 무슨 말인지 하나도 모르겠어."

이런 말을 듣고 마음이 덜컥하지 않을 엄마는 없다. 읽어도 이해가 되지 않는다니! 논술 학원을 보내야 하나 고민하게 된다.

읽기 영역은 문해력과 가장 관련성이 크다. 흔히 문해력이라고 하면 가장 먼저 읽기 또는 독서 영역을 떠올린다. 하지만 문해력은 단순한 읽기, 즉 한글 읽기가 아니라는 점을 알아야 한다. 책 읽기가 중요한 이유는 책에는 말과는 다른 형태의 문장과 표현이 있기 때문이다. 글을 이해하는 데 필요한 배경지식 또한 책에서 얻을 수 있다. 문장과 문법에 대한 이해와 배경지식이 어우러져야 글을 온전히 이해할 수 있다. 이것이 문해력이 학습 능력으로 이어지는 이유다. 조금 난해하고 딱딱한 문장이라 할지라도 문해력이 좋으면 조금 더 수월하게 학습할 수 있다.

책을 읽을 때 문해력과 관련해서 생각해야 할 또 다른 하나는 글을 이해할 수 있는 능력, 즉 문해 장치다. 우리는 문해 장치를 통해서 글을 해석하는 어휘적, 문법적 연결 고리를 얻는다. 문해 장치는 비유나 은유 같은 문학적이고 복잡한 표현을 이해하는 사고 체계를 통해 만들어진다. '사과 같은 얼굴'의 비유를 이해하지 못하면 '사과'에만 집중해 정작 '얼굴'에는 집중하지 못할 수도 있다. 문해 장치는 어휘를 습득할 때나 긴 글을 읽을 때 필요한 유추 과정에도 매우 중요하다. 문해 장치가 충분하면 글의 이해, 표현, 숨은 뜻까지 종합적으로 이해할 수 있다. 글을 읽으면서 문해 장치가 자연스럽게 가동되어야 글을 충분히 이해하면서 즐겁게 읽을 수 있다.

책을 읽는 뇌는 게임을 하거나 놀고 있는 뇌와 달리 좌뇌, 우뇌 등 뇌 전체가 쉼 없이 반짝인다. 눈으로 읽어야 하고 그 내용을 이해하고 해석해야 하니 뇌의 모든 부분이 활성화되는 것이다. 그런데 이 복잡한 과정이 일반적으로 1초 내에 일어난다. 문자와 철자, 음운론을 연결하는 데 0.1~0.2초가 걸린다. 글자를 소리와 연결해 읽는 데 0.1~0.2초면 된다는 것이다. 결국 1초도 안 되는 시간에 단어나 문장을 읽으며 음운적으로 글자와 소리를 연결해 읽는다. 심지어 어휘의 뜻을 해석하고 풀이하는 데도 1초로 충분하다. 이 과정이 문해 장치를 통해 자연스럽게 이루어짐을 감안한다면 읽기 능력이, 또 그것의 기반이 되는 문해력이 얼마나 중요한지 알 수 있다.

그렇다면 무조건 많이 혹은 다양하게 읽으면 문해력 차이를 극복할 수 있을까? 물론 많이 읽고 다양하게 읽으면 문해력 증진에 도움이 된다. 하지만 조금 더 체계적이고 세부적인 접근 방법이 필요하다. 무엇보다 중요한 것은 아이가 책 읽기를 즐겨야 한다는 것이다.

책을 즐겁게 읽는 것은 초등학교 시기에 가장 중요한 과제다. 엄마가 읽어주는 것에서 혼자 읽기로 넘어가는, 책 읽기에서 독립하는 시기라는 점, 그림책에서 문고판 등 글자가 많은 책으로 넘어가는 단계라는 점에서 매우 중요하다. 초등학교 시기에는 단순한 글의 이해부터 학습적인 심화 독해까지 다양한 읽기를 시도한다. 수많은 읽기 과제 경험을 통해 책을 좋아하는 아이로 자라느냐, 그렇지 않으냐가 결정된다. '다양한 독서 경험'이라는 과정을 잘 넘어가야 문해력이 탄탄해질 수 있다.

아이에게 책을 읽으라고 강요하기보다 책을 읽어야 하는 이유, 그리고 책을 읽었을 때 좋은 점을 이야기해주면서 충분히 소통하는 것이 좋다. 또, 읽는 것에서 그치지 않고 책을 통해 다양한 이야기로 확대해나가는 것이 아이가 책에서 멀어지지 않게 하는 길이다.

언제 어떻게 책을 읽으면 좋을지도 생각해봐야 한다. 요즘 초등학생은 정말 바쁘다. 따라서 습관이 되기 전까지 어떤 시간을 활용해 책을 읽을지도 아이와 함께 의논해보면 좋다.

가장 중요한 것은 아이가 고른 책과 읽는 시간을 존중하는 것이다. 아이가 책을 얼마나 읽었는지, 제대로 읽었는지 매번 확인하는 것은 적절하지 않다. 아이가 책을 읽다가도 '얼마나 읽었냐', '주인공 이름이 뭐냐'와 같은 확인을 받으면 읽기가 싫어질 수밖에 없다.

초등학교, 특히 저학년은 읽기의 기본을 쌓을 수 있다는 점에서 매우 중요한 시기다. 엄마가 어떻게 하느냐에 따라서 책을 사랑하는 아이로, 문해력이 풍부한 아이로 자랄 수도 있고 그렇지 않을 수도 있다.

스스로 읽기보다 엄마와 함께 읽기를 원한다면 엄마가 읽어주어야 한다. 결코 귀찮거나 걱정스러워할 일이 아니다. 읽는 독서만큼이나 듣는 독서도 중요하기 때문이다. 아이가 좋아하는 분야의 책을 찾아 독서로 연결해야 한다. 아이가 무엇에 관심이 있는지를 알아내려면 엄마의 관심과 대화가 필요하다. 이를 통해 아이는 자연스럽게 좀 더 깊고 넓은 독서로 확장해나갈 것이다.

다른 아이가 아닌 내 아이를 중심으로 생각해야 한다. 조금 늦었다고 생각하더라도, 조급한 마음이 들더라도 지금 아이가 읽는 책, 지금 아이의 문해력 수준에서 출발하자.

Step I. 초기 읽기 단계

"제목부터 읽어볼까?"

: 내용을 예측하게 하는 말

책을 볼 때 가장 처음 접하는 것이 표지다. 표지는 제목과 소제목, 카피, 제목과 어울리는 그림으로 구성된다. 책에 따라 띠지도 있다. 어떤 책이든 독자의 마음을 사로잡는 첫인상을 만들기 위해서 표지에 신경 쓴다. 그런데 표지는 독자들을 이끌기 위한 수단일 뿐만 아니라 책 내용을 함축적으로 담고 있다.

제목은 책 내용의 가장 많은 부분을 함축해서 전달한다. 보통 제목은 그 책의 핵심 메시지이자 임팩트 있는 문구로 정해진다. 제목 아래 쓰인 소제목 또한 책 내용을 자세히 풀어주거나 조금 더 보강하는 내용으로 구성된다. 따라서 제목과 소제목을 연결하면 책 내용을 어느 정도 예상해볼 수 있다.

앞표지만큼 중요한 것이 뒤표지다. 앞표지에 소개하려는 내용을 다 넣을 수 없기 때문에 뒤표지에 더 많은 내용이 담긴다. 뒤표지에는 책 내용이 요약되어 있는 경우가 많다. 따라서 앞표지와 뒤표지를 보면 책의 전체적인 흐름을 이해하는 데 도움이 된다.

다음은 표지 그림이다. 어떤 책도 표지 그림을 소홀히 하지 않는다. 책 내용과 전혀 상관없는 그림이나 사진이 들어간 표지는 없다. 의외의 그림이 들어갔다 하더라도 반전의 의미가 있는 것이지 완전히 다른 내용이 들어가지는 않는다. 표지 그림을 보고 내용을 추측하거나 책의 느낌을 떠올리는 것은 책에 대한 호기심으로 이어진다.

띠지가 있는 책도 있고 없는 책도 있는데, 보통 띠지에는 책의 핵심 내용이나 작가 소개가 짧은 문장으로 담겨 있다. 띠지를 읽어보는 것은 책의 핵심 문장, 혹은 이 책을 읽어야 할 이유를 파악하는 데 도움이 된다.

아이와 함께 책 표지에 대해 이야기하고 그 느낌을 함께 나누는 것만으로도 책에 대한 흥미를 불러일으킬 수 있다. 책 내용을 종합적으로 암시하는 제목이나 소제목 등을 통해 책에 대한 정보를 얻고 글 내용을 예측하는 능력을 키울 수 있다. 이때 동일한 제목과 표지 레이아웃, 비슷한 분위기의 그림 등으로 구성된 전집류보다는 단행본으로 접근하는 것이 좋다.

"큰 글씨로 뭐라고 쓰여 있어?"

보통 책을 볼 때 제목부터 보기 때문에 제목이 관심을 끄는지, 혹은 어떤 내용일지에 대해 아이와 함께 이야기를 나눠볼 수 있다. 주인공 이름으로 제목을 지은 책도 있고, 내용의 상징성을 담아 제목을 지은 책도 있다. 따라서 책 표지에 쓰인 제목을 보고 이야기 나누는 것은 읽기의 기초이자 기본이다.

> 엄마 : "여기 큰 글씨로 뭐라고 쓰여 있어?"
>
> 아이 : "○○○."
>
> 엄마 : "무슨 뜻인 거 같아?"
>
> 아이 : "글쎄, 도시 이름 같은데…."
>
> 엄마 : "그 도시에 무슨 일이 있나 보다. 우리 한번 읽어보면서 무슨 일이
>
> 있는지 알아보면 재미있겠다."

만약 외서를 번역한 책이라면 원래 제목을 찾아서 국내서와 비교해보는 것도 좋다. 영화도 그렇지만 책도 제목을 똑같이 번역해 붙이기도 하고 원래 제목과 다르게 붙이기도 하기 때문이다. 아이가 영어에 관심이 있다면 한글 제목과 원래 제목을 비교해보는 것도 좋은 경험이 될 것이다.

"앞표지를 봤으니 뒤표지도 보자."

뒤표지 내용을 꼼꼼히 읽어보는 것은 책을 읽는 지도를 얻는 것과 같다. 혹은 책을 다 읽고 내용을 정리하는 차원에서 다시 읽어볼수도 있다. 그런데 아이들은 보통 책을 뒤집어서 뒤표지를 볼 생각은하지 못한다. 따라서 아이와 함께 책을 뒤집어 읽어보기를 추천한다.

혹은 뒤표지에 아무것도 없다고 하더라도 앞표지와 뒤표지를 한번에 펼치면 앞표지에서는 볼 수 없는 멋진 그림이 나타나기도 한다. 그림책이나 동화책에서 이런 경우가 종종 있어 아이들이 흥미로워한다.

"표지 그림 어때? 이 그림이 제일 눈에 들어오는데."

표지 그림은 책을 상징한다. 표지 그림을 통해 많은 생각을 할 수있고, 책에 담긴 내용과 연결할 수 있다. 아이가 책 표지에서 무엇을봐야 할지 막막해한다면 그림에 나와 있는 사물부터 보게 한다.

엄마 : "여기 이 부분이 제일 눈에 들어오는데, 너는 어때?"

아이 : "나는 여기 나비 있는 부분."

엄마 : "그림의 전체적인 느낌은 어때?"

아이 : "좀 조용하고 편안한 것 같아. 저기 들판에 누워 있고 싶어."

엄마 : "그런데 그림에서 바람이 많이 부는 것 같아. 책 내용과 이 장면이
        어떻게 연결될지 궁금하다."

아이가 의견을 잘 내지 못하면 엄마가 먼저 어떻게 말해야 하는지 모델링을 해주면 좋다. '이것이 눈에 들어온다', '이것이 좀 더 눈에 띈다'와 같이 엄마가 먼저 이야기해주면 아이도 그 부분을 찾게 될 것이다. 또 아이에게 표지 그림의 느낌이 어떤지 물어보면 좋다.

표지가 상징적인 의미를 담고 있든, 아니면 책의 한 장면이든 간에 책을 읽으면서 표지와 연관되는 부분을 찾아보는 것도 재미있다.

"띠지도 한번 살펴보자."

책을 사면 띠지를 제대로 안 보는 경우가 많다. 띠지를 쓰레기처럼 버리는 경우도 허다하다. 만약 책에 띠지가 있다면 앞표지나 뒤표지처럼 책 내용에 대한 정보를 얻을 수 있다는 점에서 아이와 더 많은 이야기를 나눌 수 있다. 띠지에는 보통 책의 수상 내용이나 추천사, 핵심적인 문구가 적혀 있다. 만약 추천사가 들어 있다면, 이 책을 추천한 이유가 무엇인지 책을 다 읽은 다음에 이야기를 나누면 더욱 좋다. 혹은 띠지에 적힌 문구를 책 내용에서 살펴보는 것도 재미있다. 이러한 활동을 통해 아이가 즐겁게 책을 접하고 읽을 수 있도록 유도하고, 독서를 끝까지 마칠 수 있도록 하는 데 활용하는 수단으로 삼을 수도 있다.

내용을 예측하게 하는 말

- "큰 글씨로 뭐라고 쓰여 있어?" : 제목으로 내용을 생각해보게 하는 말
- "뒤표지도 보자." : 재미있는 상상을 하게 하는 말
- "표지 그림 어때?" : 그림으로 전체 내용을 예측해보게 하는 말
- "띠지도 한번 살펴보자." : 책 내용이나 저자에 대한 정보를 파악해보게 하는 말

"그림에서 찾아볼까?"

: 책에 관심을 갖게 만드는 말

공룡에 한창 심취한 아이라면 엄마와 함께 공룡에 관한 책을 읽을 때 행복해한다. 책을 읽던 아이가 반짝거리는 눈빛으로 공룡 그림을 가리키며 이런 이야기를 하기도 한다.

"엄마, 이 공룡은 엄청 크고, 소리도 엄청 클 것 같아."
"이빨이 뾰족뾰족한 거 보니까 무서운 공룡 같아."

책을 읽지 않아도 살아갈 수 있지만 책을 읽지 않으면 책 속의 수많은 세계를 경험할 수 없다. 책을 읽어주는 엄마와 듣고 있는 아이가 충분히 교감하며 소통한다면 아이는 책에 즐겁게 빠져든다. 그리고 책을 통해 자신이 알고 싶은 것도 충분히 경험하게 된다.

아이가 책에 관심을 갖게 하려면 좋아하는 주제를 찾거나, 책을 좋아하게 만들어서 읽혀야 한다. 호기심이야말로 아이를 집중하게 하는 힘이다. 따라서 책을 보여주는 과정에서 아이가 호기심을 갖고 "뭐야?" 하며 재미있는 장난감이나 좋아하는 유튜브를 보듯 책에 이끌리게 해야 한다. 아이가 정말 좋아할 만한, 그리고 관심을 가질 만한 내용의 책으로 호기심을 유발하는 것이 필요하다.

그런데 이 호기심이 끝이 아니다. '내게 책을 읽게 하려고 그러는구나'와 같이 의도를 알아채면 엄마가 호기심을 유발하는 말을 해도 무시해버리기 마련이다. 따라서 아이에게 책을 읽히려는 의도는 꼭꼭 감추어야 한다.

아울러 책으로 호기심을 이끌었다면, 그 다음은 아이와 책을 통해 충분히 감정을 교류하는 것이 중요하다. 책을 읽어주는 것에 너무 집중하면 안 된다. 호기심으로 아이를 이끌었지만 '이 책 한 권을 다 읽어주고야 말겠어' 하고 욕심을 내면 안 된다. 그러면 말하는 속도가 빨라지고 호흡이 가빠질 수밖에 없다. 아이가 관심을 가진 책이나 그림을 매개로 충분한 이야기를 나누는 것에 핵심이 있다. 책 내용을 이야기처럼 접하게 해주는 것이다. 그러면 아이는 엄마의 호기심을 기반으로 책을 정말 즐겁게 읽게 된다. 책을 기반으로 지식도 나누고 경험도 구체화하는 특별한 경험을 하게 될 것이다.

또 책 읽기를 '읽는 것'만으로 생각하면 오산이다. 책을 통한 경험을 자꾸 늘려가는 것이 중요하다. 책에 대한 초기 경험이 즐겁고 재미있어야 엄마의 시도도 아이가 긍정적으로 받아들이고 나중에는 혼자서도 책을 읽게 된다.

"네가 좋아하는 ○○ 그림이네."

일단 책에 나온 그림으로 이야기를 꺼내는 것이 좋다. 초기 읽기 단계의 아이는 스토리보다 그림에 관심을 갖는다. 그만큼 어린이 책에서는 그림이 중요한 역할을 한다. 엄마는 우선 아이가 관심을 가질 만한 그림이 있는 페이지를 펴놓는다. 아이가 슬쩍이라도 그 그림을 보게 하자. 아이가 다가와서 읽어달라고 하면 그 기회를 놓치지 말아야 한다. 자기가 좋아하는 공룡이나 동물 또는 캐릭터가 그려져 있다면 그것을 보고 달려오지 않을 아이가 있을까. 또 아이가 그림에 대한 이야기를 한다면 최대한 존중해주면서 대화를 나누는 것이 중요하다. 책을 매개로 많은 대화를 나누면서 아이의 생각을 늘려가는 것이다.

"어제 본 ○○ 기억나? 여기에 있어."

아이의 경험과 책에 있는 그림을 연결시켜도 좋다. 아이는 자신의 경험을 가장 잘 아는 지식으로 생각한다. 따라서 실제로 나비를 본 아이는 엄마가 나비 그림을 보여준다고 하면 냉큼 달려오게 된다. 이때 아이의 경험을 구체화하는 것이 중요하다.

> "어제 본 나비는 노란색이었는데 이 호랑나비는 색깔이 좀 다르네. 호
> 랑나비는 크기도 좀 크대."
> "어제 엄마한테 나비는 뭘 먹고 사는지 물어봤잖아. 여기 입 앞에 나와
> 있는 대롱같이 생긴 빨대 보이지? 이걸로 꽃에 있는 꿀을 빨아 먹는대."

이렇게 아이의 경험과 책 내용을 연결시켜 어제의 경험을 되살
린다면 훌륭한 독서가 될 것이다.

"똑같은 글자 찾아볼까?"

아이가 한글에 관심이 있거나 호기심을 가질 때는 글자의 특정
부분만 가지고도 아이를 독서에 참여시킬 수 있다.

한글에 대한 호기심으로 글자에 집중하게 하는 가장 좋은 경우
는 "가방에 있는 '가'가 여기에 있네." 하면서 같은 글자를 찾게 할
때다. 아이가 쉽게 찾으려면 큼직하고 정확한 명조체로 된 책이 더
좋다. 또한 아이가 평소에 좋아하는 책에서 글자나 단어를 찾게 하
는 게 효과적이다. 책을 놀잇감처럼 여기면서 친밀해지게 하는 방
법이다.

"우와!"(감탄사 사용)

아이는 감탄사를 들으면 '뭐지?' 하고 호기심이 생기면서 그쪽으로 시선을 움직인다. 청각적 고리auditory hook라고 하는 이 언어 자극 장치는 아이로 하여금 귀에서 들리는 소리로 호기심을 발동시켜 대상에 관심을 갖게 한다.

따라서 책에 나와 있는 무언가에, 혹은 책 자체에 호기심을 갖게 하려면 때로는 엄마가 과한 소리와 동작으로 감탄사를 내뱉는 것이 필요하다. 그러면 아이는 엄마가 저렇게 좋아하고 감탄하는 것이 무엇인지 궁금하고 신기할 것이다.

그렇게 아이가 책을 읽고 있는 엄마에게 다가왔을 때, 아이의 호기심을 어떻게 유지시킬지 고민해야 한다. 그렇지 않으면 다음에는 그런 감탄사 정도로는 책을 들고 있는 엄마에게 아이가 다가오지 않을지도 모른다.

책에 관심을 갖게 만드는 말

- "네가 좋아하는 ○○ 그림이네." : 아이의 호기심을 이끌어내는 말
- "어제 본 ○○ 기억나? 여기에 있어." : 책과 경험을 연결시키는 말
- "똑같은 글자 찾아볼까?" : 어떤 글자와 책에 나온 글자를 연결시키는 말
- "우와!" : 아이가 호기심을 갖고 책에 다가오게 하는 감탄사

"엄마가 읽어줄까?"

: 듣는 독서를 시작하게 하는 말

"엄마 이거 읽어줘."

퇴근해서 집에 돌아왔을 때, 혹은 자려고 누웠을 때 아이가 책을 내밀며 읽어달라고 하면 어떻게 해야 할까? 흔쾌히 책을 읽어주어야 할지, 아니면 혼자 읽으라고 해야 할지 고민하게 된다.

아이가 두세 살이라면 흔쾌히 책을 읽어주는 엄마가 많을 것이다. 그런데 아이가 초등학교 1학년이라면 어떨까. 심지어 혼자 읽을 줄 아는 아이라면 흔쾌히 즐거운 마음으로 책을 읽어주기란 쉽지 않을 수도 있다. 때로는 '읽기에 문제가 있나?', '이해하기 어렵나?' 하고 고민하기도 한다.

한글을 읽을 줄 알고 스스로 책을 읽는다고 하더라도 수시로 책을 읽어달라고 하는 경우가 많다. 이제 책 읽어주기는 안 해도 되겠다고 만세를 불렀을 엄마에게는 귀찮고 하기 싫은 일일 수도 있다.

'책 읽어주기'를 졸업하고 싶은 엄마가 생각보다 많다. 그리고 언제까지 책을 읽어줘야 하는 거냐며 한숨 섞인 질문을 하는 경우도 많다. 하지만 엄마가 아이에게 직접 읽어주는 독서의 힘은 생각보다 강력하다.

아이가 학년이 올라가면서 책을 즐겁게 읽는 비율이 떨어지는 이유 중 하나는 엄마가 책을 읽어주는 시간이 줄어들기 때문이다. 엄마는 아이가 책을 읽어달라고 하면 혼자 읽으라고 하고, 아이가 잘 읽고 있는지, 문제는 없는지 점검만 한다. 아이가 중학생쯤 되면 아무도 책을 읽어주지 않을지도 모른다. 아니, 사춘기에 접어든 아이 스스로 원하지 않을 확률이 높다.

문해력을 키우는 방법은 두 가지가 있다. 귀로 이야기를 듣거나, 눈으로 이야기를 읽는 것이다. 아이가 태어나서 자신의 눈으로 책을 읽는 데는 몇 년의 시간이 걸린다. 따라서 아이가 책을 읽도록 도와줄 때 가장 빠르고 좋은 방법은 소리 내서 책을 읽어주는 것이다. 특히 아이가 0세라도, 한글을 전혀 모르는 나이라도 가능한 독서 방법이라는 점에서 듣는 독서의 중요성은 아무리 강조해도 지나치지 않다.

우리가 귀를 통해 들려주는 많은 이야기는 아이의 생각 주머니를 키운다. 귀를 통해 들은 의미 있는 이야기는 아이가 글을 배워 눈으로 글자를 보게 될 때 이해의 폭을 넓힌다.

책을 읽어주면 아이는 귀를 통해 머릿속에 소리, 음절, 어미, 연음을 받아들여 어휘를 형성한다. 그런 후에 어느 순간 아이는 해당 어휘의 배경지식이 포함된 이야기를 듣고 이해하게 된다. 아이가 직접 경험으로 배울 수 있는 어휘는 한계가 있기 때문에 책을 통한 간접 경험은 매우 중요하다. 그런데 아이가 글을 읽을 수 있을 때까지 그냥 손 놓고 기다릴 수는 없다. 듣는 독서 없이 아이의 경험을 넓히기는 어렵다.

듣기 이해력은 읽기 이해력을 키워주는 토대가 된다. 아이와 책 사이에 즐거움이라는 연결 고리가 생기는 것은 물론, 책 읽는 과정을 통해 아이와 엄마가 함께 배운다. 무엇보다 책을 매개로 엄마와 아이가 연결되고 정서적 교감과 안정성을 갖게 되는 것은 아이의 인생에서도 매우 중요한 일이다. 책을 통해 일상생활 수준을 넘어서는 어휘, 즉 고급 어휘를 배울 수 있다는 면에서 문해력에도 큰 도움이 된다.

또 듣기와 읽기 수준이 같아지는 중학교 2학년 전까지는 읽기보다 듣기를 통해 더 쉽게 글의 내용을 받아들인다. 즉 아이가 혼자서 읽을 때는 이해하지 못할 복잡하고 재미있는 이야기도 들을 때는 이해할 수 있다는 것이다. 따라서 다 큰 아이라 생각할지라도 책을 읽어주어야 할 이유는 좀 더 명확해진다.

막 읽기 시작한 예닐곱 살 아이는 보거나 읽었을 때 해석할 수 있는 단어 수가 제한되어 있다. 그렇지만 듣기는 다르다. 태어난 순간부터 엄마의 말을 끊임없이 들어왔다. 이즈음의 아이는 듣는 것만큼은 전문가다.

문해력을 높이기 위해서 알아야 할 중요한 두 가지가 있다. 엄마가(혹은 선생님이) 책을 얼마나 읽어주느냐, 아이가 즐거움을 얻기 위해 자발적으로 읽는 책이 얼마나 되느냐. 아이가 혼자 읽기를 좋아하는 단계에서도 아이가 원하면 언제든지 책을 읽어주고 이야기를 나누어야 한다. 아이는 엄마와 함께 책을 읽을 때 정서적 공감 능력을 통해 제대로 소통하는 방법을 배울 수 있다.

엄마가 책을 읽어준 경험이 많은 아이는 책 읽기를 즐기게 된다. 아이에게 책을 읽어주며 진심으로 교감하고 아이의 감정이나 표정을 이해하려는 엄마를 보면 아이는 엄마를 더욱 좋아하게 된다. 아이에게 책 읽어주는 엄마를 보면서 모범적인 독서가 무엇인지 스스로 터득하게 되는 것이다.

듣는 독서를 위해 아이에게 하는 질문은 다음의 순서로 이루어지면 좋다. 단, 아이가 혼자 읽을 수 있는 단계가 되면 상황에 맞춰 적절하게 사용해도 좋다. 모든 질문을 상황에 맞게 한꺼번에 해도 좋다. 초등학생 아이에게도 때로는 "읽어줄까?"와 같은 첫 단계의 질문을 활용하는 것이 효과적이다.

(1) "읽어줄까?": 듣는 독서를 제안하고 엄마가 읽어주는 단계

(2) "같이 읽자.": 아이와 함께 글 읽기와 듣기를 하는 단계

(3) "네가 읽어봐.": 혼자 읽기를 독려하고 격려하는 단계

시작은 '듣는 독서'다. 처음부터 책을 좋아해서 읽어달라고 하는 아이는 극히 드물다. 엄마가 먼저 읽어주면서 듣는 독서에 참여하도록 유도한다. 포장된 새로운 장난감을 열어보듯이, 레고 장난감을 조립하듯이 책을 즐겁고 신나는 것으로 여기도록 하는 엄마의 말은 매우 중요하다. 책을 그대로 읽어주기만 하기보다 아이 반응을 살피며 아이가 듣는 독서에 몰입할 수 있도록 해주어야 한다.

아이가 좀 더 자라면 함께 책 읽는 자리를 만든다. 이때는 글의 내용을 좀 더 충실히 파악하는 데 목표를 두어도 좋다. 때로는 자연스럽게 한글을 노출하고 아이가 관심을 갖는 그림 속 사물이나 물건으로 이야기를 확장해도 좋다. 아이가 책 곳곳에 관심을 가지면서 충분히 책 읽기를 즐길 수 있도록 도와준다.

아이가 혼자 책을 읽는 세 번째 단계가 되더라도 아이를 격려하는 말은 여전히 유효하다. 그리고 듣는 독서와 같이 읽는 독서도 여전히 중요하므로 혼자 읽는 단계가 오더라도 원하면 언제든 엄마가 읽어줄 수 있고 함께 읽을 수 있다는 것을 아이에게 알려준다.

지나고 보니 아이가 "읽어주세요.", "같이 읽어요."라는 말을 할 때가 행복한 순간이었다는 생각이 든다. 아이가 어릴 때 함께하는

행복한 읽기 경험은 아이와 엄마의 교감을 위해서도, 그리고 아이의 문해력 발달을 위해서도 매우 중요하다.

듣는 독서를 시작하게 하는 말

(1) "읽어줄까?" : 엄마가 읽어주는 내용을 듣는 독서 단계
(2) "같이 읽자." : 내용에 좀 더 집중하는 독서 단계
(3) "네가 읽어봐." : 혼자 독서하기를 권하는 단계

※ 주의 : 아이가 혼자 독서를 하더라도 아이가 원하면 언제든 엄마가 읽어주거나 함께 읽는 것은 꼭 필요하다.

"어떤 거 읽고 싶어?"

: 아이의 관심을 파악하는 말

우리 집은 매년 1월 1일 서점에 간다. 특별한 연례행사이기도 하고 아이들에게 설레는 경험이 되기도 한다. 시험이 끝나거나 방학이 시작되는 날도 이따금 서점을 방문한다.

아이들이 어릴 때부터 서점이 즐거운 나들이 장소가 되게 하려고 노력했다. 서점 가는 길을 신나게 한다거나, 오가는 길에 아이들이 좋아하는 먹거리나 놀 거리를 즐길 수 있도록 세트로 묶었다. 그리고 서점에 가는 아이들을 칭찬하고 아이들이 고른 책은 어떤 책이라도 존중하고 사주었다.

물론 '이 책을 꼭 사야 하나', '저 책을 골라야 하나' 싶은 마음이

드는 책을 고르기도 했고 무성의하게 책을 선택하기도 했다. 그러나 서점에 가는 일이 반복될수록 아이들은 '정말 읽고 싶은 책'을 고르기 시작했다.

아이들이 아주 어릴 때는 힘들었지만 커서는 근처 카페에서 마실 것과 간식을 사서 그날 산 책 중에서 한 권을 읽고 돌아오기도 했다. 그렇게 보낸 시간이 나에게 좋은 추억으로 남아 있는 만큼 아이들에게도 좋은 추억이 됐을 것이라 생각한다.

책을 좋아하지 않는 아이라면 무턱대고 책을 읽어주기보다 서점이나 도서관 데이트를 시도해보는 것이 좋다. 그냥 가도 되지만 특별한 이벤트처럼 만들면 더욱 좋다. 서점이나 도서관을 자주 가면 아이 스스로 책을 고르는 기회가 많이 생긴다. 아이의 관심 분야나 좋아하는 분야의 책을 찾게 되고 다른 사람들이 책 고르는 모습도 자연스레 보게 되며, 책을 보는 엄마의 모습도 보는 것이 아이에게 좋은 경험으로 쌓인다. 특히 또래 친구들이 책을 고르거나 읽는 모습을 보는 것은 좋은 자극제가 된다.

처음에는 아이가 서점이나 도서관을 가는 것만으로, 아니 엄마와 가는 것을 거부하지 않는 것만으로도 성공이다. 그 후 서점이나 도서관에 가서 책 고르는 것을 즐기게 해야 한다. 이를 위해서는 충분한 시간과 엄마의 노력이 필요하다.

아이가 책을 좋아하고 즐길 수 있게, 자신이 좋아하는 분야의 책을 마음껏 고르고 읽을 수 있게 기회를 주는 것은 매우 중요하다. 엄마의 취향이 아닌 아이의 취향을 최대한 존중해주는 방법이 바로 올바른 책 고르기다.

책 고르는 기회를 가져본 아이, 자신의 책 취향을 존중받은 경험이 있는 아이가 책을 좋아하는 아이로 자랄 확률이 더 높다.

"어떤 책이 재미있어 보여?"

아이에게 책을 고르게 하면 보통 자신이 좋아하는 분야에서 고른다. 그래서 당황스럽게도 만화책이나 유치해 보이는 책을 고르는 경우도 많다. 하지만 관심 분야에서 책을 고르고 직접 사보는 것은 책과 더욱 가까워지게 하는 데 매우 중요하다.

아이가 책을 고르지 못하고 망설인다면 "어떤 책이 재미있어 보여?"라고 자연스럽게 질문을 던지는 것이 좋다. "엄마는 이런 책이 좋은데 이거 어때?" 이렇게 강요하듯이 책을 고르게 하지 말고, 아이에게 책 고르기를 전적으로 맡기는 것이 중요하다.

"이게 도움이 될 것 같아. 학교에서 배우는 내용과 비슷한데."와 같이 학습적인 내용을 강조하기보다 "네가 좋아하는 ○○가 있어." 또는 "표지 보니까 아이들 표정이 너무 신나 보이는데?"와 같이 아이의 흥미를 유도하는 것이 좋다. 그러면 아이도 부담 없이 재미있어 보이는 책, 관심 분야의 책을 즐겁게 고를 수 있다.

"이 책도 한번 볼래? 엄마가 보기엔 이것도 재미있어 보여."

아이가 관심 분야의 책을 고르는 동안 꼭 읽히고 싶은 책이 있다면 아이가 고른 책에 한두 권 끼워 넣으면 된다. 대신 엄마가 고르는 책이 아이가 고른 책보다 많거나 의도성이 드러나는 것, 그리고 엄마가 고른 책을 강요하는 것은 피해야 한다.

아이에게는 서점이나 도서관에서 책을 고르는 것도 놀이처럼 해야 한다. 따라서 엄마가 관심 있고 읽히고 싶은 책은 아이가 고른 책 뒤에 슬그머니 한두 권 끼워 넣고 권하는 정도만으로 충분하다. 물론 아이가 동의하지 않으면 포기해야 한다.

만약 엄마가 고른 책을 강요한다면 아이는 서점이나 도서관에 온 것에는 엄마의 다른 의도가 있다는 것을 느끼게 된다. 그 순간부터 서점이나 도서관 나들이는 더 이상 즐거운 일이 되지 못하고 피할 수도 있다.

"오늘은 세 권만 살 거야."

책 고르는 일에 조건을 두는 것도 좋다. 책 고르기가 어느 정도 익숙해진 아이에게는 돈의 액수나 책의 권수를 정해 책 고를 때 심사숙고하게 만드는 것이다.

나도 처음에는 아이들이 원하는 대로 책을 한꺼번에 여러 권 사주다가 나중에는 액수나 권수를 정해주었다. 예를 들어 3만 원 이내에서 사게 하거나 세 권만 사게 하는 것이다. 그러면 아이가 책 앞에서 장난감을 고르듯이 꽤 고민한다.

도서관을 가더라도 처음에는 원하는 권수를 꽉꽉 채워주다가 "엄마가 두 권 대출할 거라서 너는 세 권만 빌릴 수 있어."와 같이 한계를 정해준다. 엄마가 도서관에서 대출하는 모습도 아이에게는 좋은 본보기가 된다.

"엄마, 뭘 사야 할지 모르겠어.", "어떤 걸 골라야 할지 모르겠어.", "3만 원이 넘어. 어떡하지?"와 같이 도움을 구하기 전까지는 아이가 충분히 책을 고르도록 두어야 한다. 책 고르는 것을 힘들어하면 집에 있는 책이나 전에 읽었던 책과 연결해 가볍게 조언해준다.

"네가 책 고를 때까지 기다릴게. 천천히 골라."

아이가 책 고르는 일이 장난감 고르는 것만큼 재미있고 신중한 경험이 되도록 하기 위해서는 충분한 시간이 필요하다. 책을 고르는 동안 아이를 독촉해서는 안 된다는 뜻이다.

엄마는 아이가 책을 고르는 동안 기다려야 한다. 그래서 아이와 함께 서점이나 도서관에 갈 때는 충분한 시간을 확보하고 가는 것이 좋다. 그래야 아이가 시간에 쫓기지 않고 책을 고를 수 있다.

책을 고르기 위해서 충분히 고민하고 노력해본 아이는 서점이나 도서관에서 책을 고르는 것이 얼마나 소중한 일인지 깨닫게 된다. 책을 고르고 사는 것에 대해 긍정적 경험을 가진 아이는 책을 좋아할 수밖에 없다.

- "어떤 책이 재미있어 보여?" : 아이가 재미있어하는 분야를 파악하는 말
- "이 책도 한번 볼래?" : (아이가 원할 때) 엄마가 읽히고 싶은 책을 권하는 말
- "오늘은 세 권만 살 거야." : 아이가 신중하게 책을 고르도록 하는 말
- "네가 책 고를 때까지 기다릴게." : 책 고르는 재미를 충분히 느낄 수 있게 하는 말

스마트폰 게임만 하거나 유튜브만 보는 아이, 어떻게 집중하게 할까요?

"유튜브 볼 때는 정말 눈 한 번을 안 떼요. 책 읽을 때나 공부할 때도 그러면 좋은데 어떡해야 할까요?"

질문의 시작을 스마트폰 게임과 유튜브가 아니라 영상 매체 혹은 다큐멘터리라고 생각해보자. 영상으로 나오는 자료는 모두 움직인다. 책의 글자와 이미지는 고정되어 있지만 영상은 움직인다는 것이 책과 가장 큰 차이점이다. 그리고 영상은 생동감 있고 빠르게 지나간다. 중간에 놓친 부분을 되돌려 멈출 수 있지만 뭔가 자세히 들여다보기는 어렵다.

같은 내용을 담고 있다고 했을 때 책은 자세히 보게 하는 힘이 있다. 그림책이라면 그림이 있을 테고, 그림책이 아니어도 글을 읽고 상상하게 된다. 그런데 영상 자료는 한꺼번에 많은 정보를 주고, 아이가 한 번 본 것도 잘 기억하는 것 같아 엄마는 영상 자료를 이용해 빠르게 내용을 습득시키고 싶은 욕구가 생길 수도 있다. 책으로 읽히는 것보다 잘 기억하고 참여도 잘하니 문제가 안 된다고 생각할 수 있다. 그러나 과연 아이에게 안전할까?

스마트폰 게임이나 유튜브라면 상황이 또 다르다. 좋은 내용의 영상과 스마트폰 게임, 유튜브의 차이라면 '아이에게 유용하다, 유용하지 않다' 이 정도로 구분해도 좋을까? 아무래도 스마트폰 게임이나 유튜브는 일반 영상 자료보다 더욱더 자극적이다.

그래서 뇌는 게임을 하는 동안 팝콘 브레인이 된다. 톡톡 튀면서 요란한 소리를 내는 팝콘처럼 영상 매체를 오래 보거나 과하게 집중하면 뇌는 현실에 무감각 또는 무기력해진다. 화면 속의 강한 자극에는 뇌가 빠르고 즉각적으로 반응하지만 다른 사람의 감정이나 상대적으로 느리게 변화하는 현실에는 무감각해진다.

책에 집중하고 독서하는 문제가 아니라 영상 매체가 아이의 정서와 집중에 전반적으로 악영향을 미치는 것에 주목해야 한다. 따라서 팝콘 브레인이 되지 않도록, 즉 아이가 책 읽기뿐 아니라 일상생활을 잘 할 수 있도록 엄마의 적극적인 노력이 필요하다.

요즘 대부분의 아이들이 아주 어린 시기부터 영상 매체에 노출된다. 빠르게 변하는 자극이 아니면 집중하기가 어렵다. 그래서 요즘 세대 아이들에 대한 이해가 우선되어야 한다.

유튜브 같은 영상 자료를 볼 때 그것만 보게 내버려두지 말고 대화를 시도한다. "그만 봐.", "보지 마."와 같은 지시나 간섭이 아니라 "지금 뭐 보고 있어?", "어떤 내용이야?", "어떻게 하는 거니?"와 같이 관심을 가져주는 말을 하고 아이가 대답하도록 기회를 주는 것이 필요하다.

처음에는 간섭하는 느낌이 들지 않도록 관심을 갖는 정도면 충분하다. 아이가 영상 매체에 빠져 몰입하기 때문에 다른 사람과 소통도 대화도 되지 않는 것이 가장 문제다. 아이가 유튜브를 볼 때 그것을 매개로 이야기를 나눌 수 있다면 아이를 다시 다른 주제로 이끌어낼 수 있다.

게임의 경우도 마찬가지다. 게임에만 몰입하는 아이를 대화에 끌어들이기 위해 엄마가 게임 이야기를 하고 아빠가 함께 게임을 하는 것처럼 게임을 통해 적극적으로 아이의 일상을 공유하는 것이 좋다. 시간을 정하고 관심을 다른 곳으로 유도해도 게임의 특성상 아이가 다시 게임으로 눈을 돌릴 것이다. 하지만 아이와 소통의 고리가 끊어지지 않는 것만으로도 성공이다.

아이를 책에 집중하도록 이끌려면 일단 아이와의 지속적인 소통이 필요하다. 아이의 관심사를 파악하고 해당 주제의 책을 제시한다. 처음에는 아이의 관심사를 따라가야 한다. 예를 들어 아이가 유튜브에서 슬라임 만들기를 자주 본다면 슬라임에 관련된 책을 건네고, 특정 아이돌을 좋아한다면 매니저 등 직업에 관련된 책을 제시해보는 것도 좋다. 아이가 관심을 전혀 두지 않는다면 아이가 좋아하는 만화책이어도 좋다. 일단 영상 매체에서 눈을 떼고 책으로 관심이 옮겨간다는 것이 정말 중요한 시작이라고 생각하면 된다.

아이가 즐겨 보는 유튜브 주제나 이야기를 잘 기억했다가 문득 건네는 책이 아이에게 선물 같아야 한다. 아이에게 유튜브나 게임보다 더 재미있는 책은 없을 것이다. 아이가 무엇을 하는지, 어떤 것에 관심이 있는지 항상 눈여겨보는 엄마가 아이를 책으로 이끌어낼 수 있다.

Step 2. 읽기 독립 단계

"중요한 문장은 어디 있을까?"

: 책의 핵심 문장을 찾도록 하는 말

아이 : "책 다 읽었어."

엄마 : "벌써? 정말?"

아이가 책을 다 읽었다고 말하는 순간만큼 뿌듯하고 칭찬해주고 싶을 때도 없을 것이다. 그런데 분명 다 읽었다고 했는데 그렇지 않다는 생각이 들 때가 있다. 유독 책 읽는 속도가 빠르거나 대충 읽은 것 같은 느낌이 든 순간이다.

속독이 유행처럼 번지던 시절도 있었다. 하지만 아이에게 속독은 크게 도움이 되지 않는다. 어떤 독서 전문가도 초등학생이 속독을 해야 한다고 말하지 않는다. 많이 읽는 아이가 빨리 읽게 되기 때문이다.

빠르게 훑어 읽는 것은 글을 읽는 속도 면에서는 도움이 되지만 궁극적으로는 큰 줄거리 외에는 정확한 파악이 어렵다는 점에서 독서의 장점을 살리지 못한다. 특히 어려운 내용을 빠르게 읽으면 눈으로는 글자를 읽지만 머리가 따라가지 못한다. 결국 책 내용을 이해할 수 없게 된다.

따라서 초등학생은 혼자 하는 독서 과정에서 천천히 읽더라도 음미하듯이, 막대사탕을 천천히 빨아 먹는 느낌으로 글 내용을 파악하면서 읽는 것이 필요하다. 그런데 이때 "천천히 읽어."라는 말로는 부족하다. 구체적으로 어떻게 말해야 천천히 읽으면서도 글 내용을 잘 파악하게 할 수 있을까? 글의 핵심을 찾아내는 방법은 문학과 비문학에서 차이가 있다.

● 동화나 소설의 경우

"중요한 장면은 어디 있어? 그 장면이 왜 중요하지?"

아이가 줄거리를 잘 말하지 못하더라도 자기가 좋아하는 장면, 중요한 장면을 찾아내는 것은 부담이 덜하다. 중요한 장면을 찾아낸다는 것은 동화나 소설을 이해하는 핵심이 된다. 특히 아이가 생각하는 중요한 장면은 아이의 감상 포인트가 되기 때문에 더욱 의미가 있다.

아이가 중요한 장면에 대해 이야기하는 것에서 더 나아가 엄마 입장에서도 중요한 장면이 무엇인지, 왜 그렇게 생각하는지 이야기해주면 좋다. "너는 그 장면이 좋았구나. 엄마는 이 장면이 더 좋았어. 왜냐하면…."과 같은 엄마의 이야기를 들으면서 아이는 책에서 엄마가 말한 장면을 떠올리게 된다. 만약 그 장면이 잘 생각나지 않는다면 책 어디에 있는지 찾아보게 될 것이다.

"이 책에서 빠지면 안 되는 장면 세 가지만 말해볼래?"

아이에게 "줄거리를 말해봐."라고 하는 게 얼마나 어려운 일인지 엄마는 모를 것이다. 글의 줄거리를 정리할 때 가장 중요한 것은 시퀀싱sequencing이다. 글의 줄거리를 구성하는 핵심적인 뼈대가 무엇인지, 그 장면을 그림처럼 나열해보는 것이다. 글이 어렵고 생각이 잘 안 나던 아이도 책의 장면을 그림으로 제시하면 그림을 힌트 삼아 내용을 말할 수 있는 경우가 많다. 책 전체를 하나의 영화처럼 중요한 장면들로 연결해보는 것은 조금 더 쉽게 줄거리를 떠올릴 수 있는 방법이다.

책에서 빠지면 안 되는 장면을 떠올리는 것은, 줄거리를 이루는 핵심적인 장면을 생각해보는 것이다. 중요한 장면 몇 가지만 연결해도 이야기의 줄거리가 될 수 있다. 아이가 빠지면 안 되는 장면을 세 가지도 고르기 어려워한다면 좀 더 구체적으로 책 내용을 되짚어볼 수 있도록 도와준다.

"○○에서 무슨 일이 있었지?"

"○○을 만났을 때 어떤 일이 일어났을까?"

"○○을 하려고 어디에 갔었지?"

"누가 ○○을 주었지?"

만약 아이가 세 가지가 훨씬 넘게 골라냈다면 그중 더 중요한 것을 가려낼 수 있도록 도와준다.

"어떤 것이 더 중요한 이야기일까?"

여기까지 됐다면 아이의 독서가 좀 더 탄탄해질 뿐만 아니라 자신의 생각을 구체적으로 정리하는 데도 도움이 될 것이다.

"가장 긴장했던 부분은 어디야?"

동화나 소설의 절정 단계는 모든 갈등이 가장 최고조에 이른다는 점에서 가장 몰입되는 부분이다. 대부분의 작가가 스토리가 있는 문학 작품을 구성할 때 가장 신경을 쓰는 부분이기도 하다. 따라서 조마조마한 마음으로 주인공의 마음을 따라가 긴장하며 읽은 부분을 정확하게 짚어냈다면, 아이가 책의 흐름을 잘 파악한 것이다. 엄마가 생각하는 절정 단계와 조금 다르더라도 아이가 꼽은 이유가 적절하다면 존중해주는 것이 좋다.

"책 마지막 부분을 읽고 기분이 어땠어?"

책 스토리뿐만 아니라 책을 읽은 후 아이의 감정을 존중해주는 것도 매우 중요하다. 아이가 그 책을 어떻게 읽었는지, 어떤 느낌을 가지고 읽었는지에 대해 함께 이야기하는 것이다.

이때 명심해야 할 점이 있다. 어른도 책이나 영화를 보고 난 후의 감동을 당장 말로 표현하기 어려울 때가 있다는 것이다. 따라서 아이에게 책에 대한 느낌 혹은 기분을 책을 덮자마자 바로 말하게 할 필요는 없다. 스토리 자체보다 책을 읽고 난 후의 감동을 간직하게 한 뒤, 나중에 이야기를 나누어도 괜찮다.

● 비문학 글의 경우

"이 책에서 중요한 문장 다섯 가지만 찾아볼까?"

비문학 글은 핵심적인 문장이 가장 중요하다. 글 주제나 내용이 가장 함축적으로 담겨 있는 것이 핵심 문장이다. 보통 중요한 문장은 단락의 가장 앞이나 뒤에 있다. 단락의 핵심 문장이 단락 중간에 있는 경우는 극히 드물다. 이렇게 단락별로 한 문장씩만 찾아도 글의 핵심을 파악하기 쉽다.

아이에게 단락의 앞이나 뒤에서 중요한 문장을 찾아보라는 힌트를 준다. 처음부터 핵심 문장을 잘 찾는 아이는 거의 없다. 엄마가 격려하는 한마디, 약간의 힌트로 아이는 자신감을 가지고 중요한 문장을 찾아낸다.

"중요한 내용에 밑줄 치면서 읽어볼까?"

비문학 글은 전달하고자 하는 내용이 명확하다. 따라서 글을 읽으며 핵심적인 내용에 밑줄을 치는 것은 핵심적인 내용을 파악하고 있는 것과 같다. 아이가 글의 중요한 부분을 찾고 정리하기 어려워하면 중요하다고 생각하는 문장에 밑줄을 치거나 표시하도록 격려한다.

밑줄을 치는 것만으로도 읽기에 좀 더 집중하고 글 읽는 것을 마무리하는 데 큰 힘이 될 수 있다. 책 전체에 줄을 치는 것은 문제가 있지만 중요한 문구를 확실하게 표시하고 넘어간다면 나중에 글을 정리할 때도 도움이 된다.

"이 글에서 가장 중요한 내용은 어디 있어?"

비문학 글의 경우는 핵심 내용이나 핵심 문장이 분명히 있다. 설명하는 글이든 주장하는 글이든 저자가 말하고자 하는 핵심 문장이 있다. 그게 불분명하다면 좋은 글이 아니다.

핵심 문장을 찾는 것만으로도 글에서 말하려고 하는 내용을 정확하게 찾는 것이므로 의미가 있다. 제목부터 유심히 살펴보고 글에서 제목이 반영된 부분을 찾는다. 중요 문장에 밑줄을 치면서 읽었다면 밑줄 친 문장에서 찾을 수도 있다.

아이에게 핵심 내용을 요약하라는 것은 핵심 문장을 찾는 것보다 훨씬 더 어려운 과제다. 그 내용을 요약해서 말할 수 있는지 한번

시도해보는 것은 나쁘지 않지만 초등학교 저학년생에게는 어려울
수 있다는 점을 기억하자.

책의 핵심 문장을 찾도록 하는 말

● 동화나 소설의 경우
- "중요한 장면은 어디 있어?" : 아이가 이해한 핵심을 찾게 하는 말
- "빠지면 안 되는 장면 ○가지만 말해볼래?" : 핵심 장면을 찾게 하는 말
- "가장 긴장했던 부분은 어디야?" : 내용의 절정 부분을 파악하게 하는 말
- "기분이 어땠어?" : 책을 읽은 감상을 이야기하도록 하는 말

● 비문학 글의 경우
- "이 책에서 중요한 문장 ○가지만 찾아볼까?" : 글의 핵심을 파악하는 말
- "중요한 내용에 밑줄 치면서 읽어볼까?" : 중요한 문장을 확실하게 체크하는 말
- "가장 중요한 내용은 어디 있어?" : 핵심 문장을 찾게 하는 말

"어떤 장면이 제일 좋았어?"

: 감동 포인트를 찾게 하는 말

"우리 아이가 책을 읽어도 내용을 기억하지 못해요. 정말 읽은 거 맞을까요?"

"내용을 금방 잊어버려요. 어떡하죠?"

이렇게 심각하게 묻는 엄마가 많다. 결론부터 말하자면 그렇게 걱정할 일은 아니다.

우리가 정말 재미있는 영화를 봤다고 가정하자. 두 시간 넘게 영화를 보고 나와서 "와! 재미있다."라고 말하지만 줄거리와 내용을 모두 기억하기는 쉽지 않다. 외국 영화라면 주인공 이름조차 가물거리는 일도 있을 것이다. 그러나 재미있었다는 사실 한 가지는 남는다.

책도 마찬가지다. 책을 읽고 나서 뭔가 묵직한 감흥을 느끼기도 하고 감동적인 구절이 떠오르기도 한다. 하지만 여러 날 지나면 그 책을 볼 때마다 좋은 감정이 느껴지기는 하나 처음 읽었을 때처럼 구체적으로 느껴지지는 않는다.

어른인 우리도 이런데 아이가 책을 읽었다고 해서 모든 것을 기억하기를 바라는 것은 얼마나 과한 욕심인가. 전체 내용을 기억하는 것이 아니어도 아이의 마음에 남아 있고 다음 책을 읽기 위한 원동력이 된다면 그것만으로도 충분하다. 아이의 독서를 확인하려는 마음을 버려야 한다.

아이가 독서를 잘했는지에 대한 질문에 초점을 두면 시험 문제를 책 구석에 있는 내용으로 굉장히 어렵게 내는 선생님처럼 되기 십상이다. 아이가 제대로 외웠나를 확인하기 위해 주인공 이름 또는 지역명, 특정 사건에 나오는 물건 등 디테일한 사항을 물어보게 된다.

또 하나, 지금 막 읽은 책의 줄거리를 말해보라는 것도 섣부르게 시도해서는 안 된다. 막 책을 덮고 난 아이에게 "무슨 이야기야? 말해봐."라고 요구하는 것처럼 아이가 독서를 멀리하게 만드는 지름길은 없다. 아이는 책을 읽고 난 감동이 가시지도 않았고, 아직 줄거리를 말할 만큼 책의 구조가 명확하게 머릿속에 그려지지 않는데, 이것을 말해보라고 하면 막막할 수밖에 없다.

아이와 책에 대한 이야기를 나누려면 엄마가 먼저 그 책을 읽어야 한다. 아이가 말하고 싶은데 기억하지 못하는 부분을 상기시키고, 아이가 말하지 않은 다른 부분에 대한 대화를 이어나가기 위해서다.

프랑스 소설가 앙드레 지드 Andre Gide 는 "나는 한 권의 책을 책꽂이에서 뽑아 읽었다. 그리고 그 책을 다시 꽂았다. 그러나 이미 나는 조금 전의 내가 아니다."라고 말했다. 이 말을 이렇게 다시 써보면 어떨까. "나는 한 권의 책을 책꽂이에서 뽑아 아이에게 읽혔다. 그리고 아이는 다 읽고 그 책을 다시 꽂아놓았다. 그러나 이미 아이는 조금 전의 아이가 아니다." 아이가 책 한 권을 읽고 달라질 수 있다면, 그리고 그 변화의 길에 함께할 수 있다면 그것만으로도 충분히 엄마의 역할을 해내고 있다고 해도 과언이 아니다.

"주인공의 어떤 모습이 가장 마음에 들어?"

스토리가 있는 동화나 소설의 경우 주인공을 비롯한 인물을 중심으로 이야기가 흘러간다. 따라서 책을 읽을 때 보통 주인공의 이야기에 집중하게 된다. 초등학교 저학년 시기에 읽는 위인전이나 인물 동화의 중요성이 여기에 있다. 아이는 위인들의 이야기를 읽으면서 자신의 롤 모델로 삼기도 하고 그렇게 되기 위해 모방하기도 한다. '이렇게 해야 훌륭한 사람이 될 수 있구나', '위인들은 이런 일을 이겨내고 멋지게 극복했구나'라고 깨닫는 것이다.

"주인공이 어떻게 할 때 가장 멋있었어?", "주인공이 어떤 일을 겪었을 때 가장 마음이 아팠어?", "주인공을 도와주고 싶었을 때는 언제야?" 이러한 질문을 통해 주인공의 모습을 다시 생각해보게 되고 아이 자신의 감정도 이해할 수 있게 된다.

주인공의 모습만 생각해봐도 아이는 읽은 책이 전달하고자 하는 핵심 내용을 파악하게 된다. 책을 읽으면서 주인공과 함께 모험을 즐기고 어려움을 헤쳐나가기 때문이다. 따라서 중요하게 생각해야 하는 것이 바로 주인공이 어려움을 어떻게 극복했나 하는 점이다. 특히 권선징악적 구조로 쓰인 수많은 책에서 주인공의 말과 행동만 봐도 아이가 생각해야 할 포인트는 명확해진다.

"이 책에서 가장 좋았던 장면은 뭐야?"

아이가 내용을 기억하느냐 못 하느냐 여부보다 더 중요한 것은 책을 통해 상상하고 눈물짓고 기뻐하는 그 자체다. 책을 통해 드러나는 아이의 감정은 그대로 이해하고 받아들여야 한다.

큰아이가 여덟 살쯤 됐을 때 방에서 조용히 있길래 슬그머니 열린 문틈 사이로 들여다봤다. 아이가 집중해서 책을 읽고 있었는데 언뜻 보기에도 눈에 눈물이 그렁그렁했다. 나는 뭐라고 말을 걸까 하다가 아이가 그 감정에 빠져 있도록 그냥 두었다. 나중에 바닥에 놓인 책을 보니 주인공이 키우던 강아지가 세상을 떠나는 내용의 동화책이었다.

그날 저녁 식사 자리에서 아이와 이런저런 이야기를 나누다 "오늘 엄마가 읽은 책은 ○○였는데, 거기서 ○○ 장면이 참 좋더라. 너도 아까 책 보는 것 같던데 뭐가 좋았어?" 하고 물었다. 그랬더니 아이가 일말의 망설임도 없이 아까 본 책 내용을 이야기했다. "강아지가 죽었는데 너무 슬펐어."라고 말하는 표정이 진지했다.

아이도 책에서 기쁘고 슬픈 감정을 느낀다. 엄마는 그 감정을 충분히 존중해주어야 한다. 아이의 감정을 있는 그대로 존중해주는 엄마야말로 아이가 다음 책을 읽게 만드는 힘이 될 것이다.

"지금 읽었으니 ○○ 말해봐."(하지 말아야 할 말)

읽기의 진정한 목표는 지식적인 기억이 아니라 책을 읽는 행위 자체에서 오는 즐거움이다. 그래야 그 안에서 얻고 배우고, 감동받는 것이 많아진다. 책 속에 있는 무언가를 얻어야만 진정한 독서라고 생각하지는 않는지 되돌아봐야 한다.

책 읽는 행위를 즐거워하는 아이가 되도록 하려면 아이에게 주인공 이름이나 도시 이름 등 외워야 할 정도의 사실적 질문("주인공 이름이 뭐야?", "어느 도시야?", "어느 나라야?", "주인공이 타고 가는 말 이름은 뭐야?")은 피하는 것이 좋다. 아이가 책을 읽고 나서 내용을 기억하는지 테스트받을 이유는 없다.

아이가 책을 읽을 때 기억력 테스트를 받는 느낌이 들지 않고 '네가 책을 읽는 것만으로도 엄마는 대견하고 기쁘다'는 인상을 받을 수 있도록 하자. 아이는 책 읽기를 더욱 즐거운 활동으로 받아들이게 될 것이다.

감동 포인트를 찾게 하는 말

- "주인공의 어떤 모습이 마음에 들어?" : 주인공에게 감정이입을 하게 하는 말
- "이 책에서 가장 좋았던 장면은 뭐야?" : 아이의 감정을 존중하는 말
- "지금 읽었으니 ○○ 말해봐." : 절대 해서는 안 되는, 아이를 테스트하는 말

"조금 있다 읽을까?"

: 읽지 않을 권리를 존중하는 말

엄마는 이 책을 꼭 읽히고 싶다. 그런데 아이가 몸을 배배 꼬며 읽기를 거부하는 경우도 있다. 그럴 때 엄마는 여기까지 읽도록 할지, 아니면 좀 더 읽히는 것이 좋을지 고민하게 된다.

"안 돼. 이거는 읽어야지. 마저 읽자."
"이거 다 읽고 나면 엄마가 맛있는 거 사줄게. 우리 이거 빨리 읽자."

아이가 책을 좀 더 읽기를 원하는 엄마의 마음은 천 번 만 번 이해한다. 하지만 이런 상황은 엄마가 의도하지 않은 방향으로 흘러

가기 마련이다.

간신히 아이를 꼬드겨서 엄마가 책을 읽어주더라도 읽는 속도가 빨라지고 계속 아이 눈치를 보게 된다. 아이 혼자 책을 읽는 경우라면 책장을 넘기는 속도가 빨라지고 제대로 책을 읽는 건지 알 수 없는 지경이 된다. 결국 엄마의 빠른 포기가 나을 수도 있다는 결론에 다다르게 된다.

읽기에 대해 이야기를 하고 있지만 아이에게 '읽지 않을 권리'도 있다는 것을 생각해야 한다. 아이들의 '읽지 않을 권리'를 존중해야 한다니, 다소 황당할 수 있다. 프랑스 소설가 다니엘 페나크Daniel Pennac의 《소설처럼》에 나온 '독서인의 권리장전'을 살펴보자.

(1) 읽지 않을 권리

(2) 건너뛰며 읽을 권리

(3) 끝까지 읽지 않을 권리

(4) 다시 읽을 권리

(5) 아무 책이나 읽을 권리

(6) 상상의 세계로 도피할 권리

(7) 아무 데서나 읽을 권리

(8) 군데군데 골라 읽을 권리

(9) 소리 내어 읽을 권리

(10) 읽고 나서 아무 말도 하지 않을 권리

여기서 다시 한번 확인할 수 있는 것은 바로 책은 즐겁게 읽어야 하고 강요해서는 안 된다는 것이다. 독서를 하지 않을 권리라고 해서 아이에게 "그래, 보지 마라, 보지 마."와 같은 부정적인 표현을 하라는 것이 아니다.

아이가 블록 놀이를 하다가 그만두거나 텔레비전을 그만 보려고 할 때는 "그래, 그만해."라고 하면서 아이가 책을 내려놓으려고 하면 왜 그렇게 막으려고 하는지 다시 한번 생각해봐야 한다.

엄마는 아이가 책 읽는 것을 숙제나 과제처럼 '해야 하는 것'으로 생각하는 경우가 많다. 그래서 아이가 장난감을 이것저것 고르거나 바꾸는 것은 대수롭지 않게 생각하면서 책을 이것저것 보고 집중하지 못하는 것은 심각하게 생각한다.

우리 아이들이 어릴 때 나는 책을 아무 데나 놓아두거나 펼쳐놓았다. 책을 책장에 나란히 꽂아두지 않고 일부는 식탁에, 일부는 거실 테이블에 두고 침대나 선반 위에 올려두기도 했다. 장난감 상자 옆에는 항상 작은 책장을 두었다. 그래서 장난감을 가지고 놀다가도 자연스럽게 책이 눈에 들어오도록 했다.

예상대로 아이들은 깔끔하게 정돈된 책보다 아무렇게나 놓인 책을 더 즐겨 봤다. 혼자 책상에 앉아서 책을 읽는 정도가 됐다. 나는 아이들이 유치원 때부터 초등학교 저학년 때까지 너덜너덜해질 정도로 읽은, 글자 수가 적은 책들을 버리지 않았다. 아이들은 아직도 가끔 자기 방에 누워서, 거실에 앉아서 휴식처럼 그 책들을 읽는다.

아이들에게는 그 책들을 읽는 순간이 휴식이고 즐거운 경험이 된 것이다. 이렇게 책 읽기를 놀이 삼아 할 수 있도록, 자연스럽게 독서를 즐길 수 있도록 유도해야 한다. 그것은 엄마의 작은 노력에서 시작된다.

앞에서 언급한 '독서인의 권리장전'을 우리 아이에게 한번 대입해보자. 아이의 독서를 존중하고 인정해주어야 할 이유가 충분해진다. 아이에게는 특히나 더욱 읽지 않을 권리를 존중해주어야 한다. 지금 당장 책 한두 권 더 읽게 만들기 위해서가 아니라 책을 좋아하는 아이로 성장하게 하기 위해서 말이다.

아이에게 애착 인형이나 애착 물건같이 애착 책 한 권 정도 있으면 좋지 않을까. 아이가 좋아하는 책, 휴식 같은 선물이 될 수 있는 책을 꼭 하나쯤은 만들어주자. 애착 책을 만들어주고 언제든 편하게 읽도록 해주는 것이 엄마가 해줄 수 있는 최선이다.

"그래, 좀 쉬었다 읽을까?"

아이가 책을 그만 읽고 싶어 할 때 그 마음을 이해해주어야 한다. 처음 독서를 시작한 아이가 '무조건 책 끝까지 읽기'가 목표가 되지 않도록, 지금까지 읽은 것으로도 충분하다는 뜻을 전달해준다. '끝내야 하는 것'이라는 인식이 강해질수록 독서는 해치워야 할 숙제가 될 뿐이다.

아이가 원치 않을 때, 혹은 책을 읽고 싶지 않을 때 아이의 마음을 존중해주는 태도가 필요하다. 어떻게 읽든, 어떤 식으로 읽든 아이의 방식을 따라야 한다.

"여기까지만 읽을까?"

아이가 그만 읽고 싶어 할 때 몇 장만 더 읽을 수 있는지, 챕터를 마무리할 수 있는지, 그 단락을 마무리할 수 있는지 물어보는 게 좋다. 만약 싫다고 한다면 강권하지는 말아야 한다. '여기까지만, 여기까지만' 하면서 계속 읽기를 강요하면 강제성을 띨 수밖에 없다.

아이의 독서를 오랫동안 지속하고 놀이처럼 즐길 수 있게 하려면 독서를 조금 더 유지할 수 있는 힘을 기르는 것이 중요하다. 이를 위해서는 아이가 책을 좋아할 수 있는 계기를 만들어야 한다.

"어떤 자세로 읽고 싶어?"

책 읽는 자세에 대해서도 조금은 열린 마음을 갖도록 한다. 가장 이상적으로는 의자에 바르게 앉아 읽으면 좋겠지만, 자세를 잡느라고 실제 독서 활동을 방해해선 안 된다. 초기 독서 단계, 특히 독서를 시도하는 단계라면 철저하게 아이의 눈높이에 맞춰야 한다.

어른도 딱딱한 의자에 정자세로 앉아 무언가를 하는 것이 쉽지 않다. 바닥에 널브러져 책을 읽다가 재미있어서 끝까지 읽기 위해서 자기 방 책상으로 옮겨가서 읽는 경우는 극히 드물다. 자세가 조금 마음에 들지 않더라도 몰입하고 있는 아이를 자세 때문에 방해해서는 안 된다. 책 읽기에 집중하고 있다면 누워 있든, 엎드려 있든 간에 독서에 가장 최적화된 자세임을 명심하자.

읽지 않을 권리를 존중하는 말

- "좀 쉬었다 읽을까?" : 책 읽기를 끝내야 하는 과제로 여기지 않게 하는 말
- "여기까지만 읽을까?" : 읽을 수 있는 범위를 조금 더 늘려주는 말
- "어떤 자세로 읽고 싶어?" : 아이가 놀이처럼 편하게 읽을 수 있도록 하는 말

"소리 내어 읽어볼까?"

: 듣기와 읽기를 함께 촉진하는 말

    책 읽는 과정은 뇌의 다양한 부품을 연결하는 것과 같다. 읽기에는 우리가 생각하는 것보다 훨씬 더 많은 뇌 작용이 이루어진다. 인지신경학자이자 아동발달학자 매리언 울프Maryanne Wolf는《책 읽는 뇌》에서 '읽기를 배운다는 것은 기적'이라고 말했다. 아이는 기존에 형성되어 있는 다양한 뇌 구조를 합치고 읽기에 필요한 뇌 구조를 만들어 비로소 읽기를 할 수 있다는 것이다. 즉 소리를 듣는 청각(음운론), 소리 언어를 문자 언어로 해독하는 뇌의 프로세스, 의미나 문법 구조를 파악하는 과정(통사론), 문자 형태를 파악하는 시각, 이를 기억하고 저장하기 위한 메커니즘, 그리고 가장 고차원적 추론까지

이 모든 과정이 이루어질 때 읽기가 가능하다는 것이다.

소리 내어 읽는다는 것은 뇌의 더 많은 부분을 사용하는 것이다. 눈으로 읽는 글자를 소리로 내는 활동도 함께 수행하기 때문이다. 특히 어렵게 느껴지는 책을 소리 내어 읽으면 좀 더 쉽게 이해될 수도 있다.

가장 좋은 책 읽기 방법은 음성 언어로 들었을 때 이해할 수 있는 글을 스스로 읽는 것이다. 사회과학 용어 등 어려운 단어는 일상 언어가 아니기 때문에 금방 잊어버리는 경우가 많다. 따라서 책을 소리 내어 읽기 전에 우선 어려운 개념어는 풀어서 설명해주고 아이가 자신의 말로 설명해보는 과정을 거치는 것이 좋다. 어휘가 어려우면 제대로 읽기가 더욱 막막해진다.

학습은 의미 있는 반복이 일어날 때 이루어진다. 낭독은 의미 있는 반복을 쉽게 하는 방법이다. 글을 소리 내어 읽는 것은 뇌에 긍정적이고 의미 있는 자극을 준다. 소리 내어 반복해서 읽는 것은 읽기 경험이 누적되는 것에도 큰 도움이 된다.

"교과서를 소리 내어 읽어볼까?"

내가 중학생 때 있었던 일이다. 방학 때 어쩌다 영어책을 미리 읽어봤는데 그 단원이 유독 재미있었다. 나는 그것을 소리 내어 여러 번 읽었다. 그런데 여러 번 읽는 동안 그 단원의 본문이 외워졌다. 신기한 경험이었다. 개학 후 수업 시간에 선생님이 본문 외운 사람

있으면 손을 들어보라고 하셨는데 나는 부끄러워하면서 손을 들었다. 그리고 아이들 앞에서 본문을 모두 외웠고 선생님에게 칭찬을 받았다. 그 후로 영어에 대한 자신감이 생겼다. 교과서를 반복해서 읽었기에 가능했던 일이다.

교과서를 읽을 때 아무 데나 펴서 읽는 것보다 조금씩 양을 늘려가면서 읽는 것이 좋다. 첫날은 1쪽부터 3쪽까지, 다음 날은 1쪽부터 5쪽까지, 이렇게 반복해서 읽는 것이 좋다. 결국 반복의 힘이 교과서 문해력을 키운다. 읽는 양이 늘어나면서 소리 내어 읽는 게 점점 힘들어질 수 있겠지만 나중에는 교과서 전체 흐름을 외울 정도가 된다. 누적된 교과서 읽기 경험은 이후의 학습을 좀 더 쉽게 만들어준다. 아이가 교과서를 읽을 때 적극적인 칭찬과 격려는 엄마의 몫이다. 아이가 교과서를 소리 내어 읽을 때 듣고 있다가 교과서 내용을 함께 이야기해본다면 일석이조다.

"소리를 크게 내서 읽어볼까?"

책을 더듬거리면서 느리게 읽는 아이에게 소리를 크게 내서 읽는 것은 매우 중요하다. 특히 이런 아이의 경우 같은 문장이나 글을 반복해서 읽는 것이 좋다. 이렇게 꾸준히 연습하면 읽기 실력이 크게 발전한다.

특히 입 모양을 크게 해서 읽으면 발음도 좋아진다. 아나운서들이 볼펜을 입에 물고 대본을 큰 소리로 읽는 연습을 하는 것과 같은 원리다. 발음이 걱정되는 아이라면 소리를 크게 내서 또박또박 읽는 것만으로도 입술, 혀 등 발음을 돕는 조음 기관의 운동성을 촉진시킬 수 있다. 조음 기관의 운동성이 좋아지면 발음이 좋아질 수밖에 없다.

대신 소리를 크게 내서 처음으로 책을 읽을 때 심층적인 내용까지 이해하면서 읽는 것은 한계가 있다. 따라서 읽는 행동과 목소리에만 집중할 수 있도록 책 내용에 대한 질문은 지양하고 또박또박 읽는 점을 칭찬해주어야 한다.

"좋아하는 인형에게 읽어줄래? 아니면 동생에게 읽어줄까?"

아이가 혼자 책을 소리 내어 읽는 것은 결코 쉬운 일이 아니다. 엄마가 아이에게 책을 읽어주듯이 아이에게도 책을 읽어줄 대상을 정해주는 것이 좋다. 자신이 누군가에게 책을 읽어준다는 것만으로 충분한 동기부여가 된다. 그리고 엄마가 그러하듯이 아이도 인형이나 동생의 표정을 살피며 책을 읽어줄 것이다. 그때 아이의 모습은 진심이다.

"○○가 못 알아듣겠다. 조금 더 크게 또박또박 읽어줄까?" 하고 웃으면서 말해주면 아이가 좀 더 열심히 읽을 것이다. 읽기가 조금 더 수월한 아이라면 쉼표나 마침표, 띄어쓰기에 맞춰 읽도록 유도한다. 제대로 띄어 읽지 않으면 내용을 이해하기 어렵기 때문이다.

"엄마가 틀린 곳부터 읽어볼까?"

아이가 어른보다 잘 읽을 수 없다. 엄마와 아이가 번갈아 읽는 것은 시도하기 좋은 방법이지만 엄마가 읽는 부분을 아이가 집중하지 못할 가능성이 크다. 이때 아이를 책 내용과 엄마가 들려주는 읽기에 집중하게 하는 방법은 '엄마가 틀린 곳부터', '엄마가 멈추는 곳부터' 읽어보라고 유도하는 것이다.

다른 사람이 읽는 것을 눈으로 따라 읽는 것은 듣기와 읽기를 모두 촉진시킬 수 있는 좋은 방법이다. 엄마가 멈추거나 틀린 곳부터 읽으라고 하면 아이는 더욱 읽는 부분을 집중하게 된다.

여기에 필요한 것은 적당한 센스다. 엄마가 읽다가 일부러 틀려서 아이에게 기회를 주는 것이다. "앗, 어떡해. 엄마가 틀렸어." 아이가 틀린 부분부터 이어서 읽으면 "엄마가 읽는 걸 잘 듣고 있었네. 바로 이어서 잘 읽는구나." 하면서 칭찬하고 주고받듯 읽기를 계속한다. 그래야 아이도 엄마와 주고받는 읽기를 재미있게 이어갈 수 있다.

"대본처럼 읽어보자."

스토리가 있는 글이라면 대화 부분을 실제 말을 주고받듯 하면서 소리 내어 읽어보는 것도 좋은 방법이다. 쌍따옴표 부분은 감정을 몰입해 읽어야 하는데 스토리가 이해되지 않거나 주인공의 감정선을 공감하지 못하면 읽기가 어렵다.

상상력이 풍부하거나 연극하는 것처럼 읽는 것을 좋아하는 아이라면 책을 대본처럼 읽어보게 하는 것도 재미있는 놀이가 될 수 있다. 이것은 아이가 책을 가장 잘 이해하는 방법이기도 하다.

무엇보다 소리 내어 읽기에서 가장 중요한 것은 숙제가 아니라 즐거운 과정으로 여겨야 한다는 것이다. 아이에게 소리 내어 읽는 것은 엄마에게 확인받는다는 느낌이 들어 부담스러운 일이 되기 쉽다. 소리 내어 읽는 과정에서 엄마의 참여와 격려가 있다면 좀 더 편안하게 읽을 수 있을 것이다.

듣기와 읽기를 함께 촉진하는 말

- "교과서를 소리 내어 읽어볼까?" : 교과서를 제대로 읽게 하는 말
- "소리를 크게 내서 읽어볼까?" : 읽기로 발음이 좋아지게 하는 말
- "좋아하는 인형이나 동생에게 읽어줄까?" : 읽기에 대한 흥미를 유도하는 말
- "엄마가 틀린 곳부터 읽어볼까?" : 들으면서 읽기에 집중하게 만드는 말
- "대본처럼 읽어보자." : 감정을 살려서 읽게 하는 말

산만한 아이, 독서 습관
어떻게 길러줘야 할까요?

"우리 아이는 책 읽기를 왜 그렇게 싫어할까요?"

"책만 꺼내면 산만하고 집중을 못 해요. 우리 아이만 그런 걸까요?"

책 앞에서 산만한 아이를 둔 엄마가 하소연한다. 아이의 기질 자체가 산만하든, 책 앞에서만 유독 산만해지든 한순간도 가만있지 못하는 아이에게 엄마는 책을 읽어줄 엄두조차 못 낸다.

처음부터 책을 싫어하는 아이는 없다. 책을 좋아하는 아이, 책을 싫어하는 아이로 나뉘지 않는다. 책을 많이 접해서 책과 친한 아이, 책을 많이 접해보지 않아서 책이 어색한 아이로 나 뉠 뿐이다.

산만한 아이라고 할지라도 뭔가에 집중하는 순간이 있는지 살펴봐야 한다. 하루 종일 돌아다니는 아이라고 해도 잠시라도 앉아서 뭔가에 열중하는 순간이 있다. 그 순간에 무엇을 가지고 노는지, 어떤 책을 같이 놓으면 그 장난감과 어우러지는지를 잘 생각해본다.

자동차 놀이를 할 때 소방차 책을 가져다 놓는다거나, 목욕할 때 욕조 안에 목욕 책을 넣어두는 것처럼 책을 놀잇감처럼 사용하게 하는 것이 좋다. 아이는 일단 눈길을 주고 관심을 가졌던 책을 쉽게 받아들인다.

이렇게 산만한 아이일수록 책 같지 않은 책, 즉 장난감 같은 책이 더 잘 맞을 수 있다. 너무 책 같지 않아서 걱정할 수도 있지만 오히려 뭐든 넘기고 누르고 열어보는 활동으로 책과 친해질 수 있다. 장난감 같기 때문에 책을 가지고 놀게 된다. 아이가 좋아하는 뽀로로 같은 캐릭터가 나오는 책이어도 좋다. 아이는 책에 자기가 좋아하는 주인공이 나오는 것만으로도 호기심을 갖게 된다.

아이에게 "이거 정말 재미있다.", "이건 어떨까?" 하면서 재미있는 놀이처럼 보이게 해서 아이가 책에 관심을 갖게 한다. "와!" 하고 감탄하는 등 약간 과장된 반응을 해서 아이가 귀를 쫑긋 세우게 하는 것이다. 아이가 그 소리를 듣고 엄마한테 달려온다면 시작이 좋다. 그다음 아이가 더욱 호기심을 갖도록 책을 펼쳐 보여주면서 읽어주는 것이 좋다.

아이가 잠자리에 드는 시간은 조용하고 얌전한 경우가 많다. 잠들기 전에 책을 읽어주면 잘 듣는다. 처음에는 책을 끝까지 읽어준다거나 잠들 때까지 읽어주기보다는 잠깐 읽어주는 정도로 시작해도 좋다. 작은 시작이 습관이 되고 출발점이 될 수 있다.

엄마들은 일반적으로 산만한 아이의 경우 얌전하게 혹은 앉아서 책을 읽게 해야 한다고 생각한다. 산만하다 보니 장난감을 가지고 놀 때는 그냥 두더라도 책은 앉아서 읽기를 바라는 것이다. 산만한 것이 문제가 아니라 아이의 기질을 인정하지 못하는 엄마가 문제일 수도 있다. 그러다 보니 산만한 아이일수록 책 읽기를 공부처럼 여기는 경우가 많다. 책을 펼치고 공부를 시키려고 시도하는 엄마의 마음을 이미 아이가 알고 있을 가능성이 크다. 책 읽기가 장난감만큼은 아니지만 재미있고 즐거운 놀이가 될 수 있도록 아이가 좋아하는 주제부터 시도하는 것이 좋다.

따라서 자세라거나 책 읽기 활동을 너무 딱딱하지 않게 하는 것이 좋다. 바르게 앉으라거나 책을 구기지 말라고 잔소리하지 말고 책을 가지고 재밌게 놀 수 있도록 하는 것이다.

산만한 아이를 둔 엄마는 아이가 몇 분이라도 집중하면 갑자기 욕심을 내기도 한다. 이런 기회가 다시 오지 않을 수도 있다는 우려 때문이다. 하지만 이런 욕심을 버리는 것부터 시작해야 한다. 아이가 몇 분간 집중하게 된다면 과하게 욕심 내지 말고 아이가 책을 좋아할 수 있도록 책 읽는 시간을 조금씩 자주 갖도록 유도하는 것이 좋다. 기다림과 꾸준함만큼 중요한 것은 없다.

Step 3. 독서 감상 단계

"엄마가 먼저 말해볼까?"

: 독서 감상의 예를 보여주는 말

초등학교 시기에는 독서 수준을 정확하게 파악하고 수준을 높일 수 있도록 도와야 한다. 특히 초등학교 3~4학년은 책 읽는 능력이 양적·질적으로 변화하는 시기다. 초등학교 1~2학년 때는 내용도 쉽고 분량도 적고 그림이 많은 책 위주로 읽지만 3학년 무렵이 되면 등장인물이 많고 사건도 복잡하며 분량도 많은 책을 읽게 된다. 초등학교 3~4학년 때 이런 책을 잘 읽어내지 못하면 고학년 때 더 어려운 책을 읽어내기는 사실상 불가능하다.

이 시기는 고비인 동시에 좋은 기회이기도 하다. 앞으로 맞이할 험한 봉우리를 넘어갈 수 있는 베이스캠프를 세우는 것이다. 따라서 이 시기에 꾸준히 책을 좋아하고 즐기는 아이로 성장할 수 있도록 도와주어야 한다.

책을 좋아하고 잘 읽지만 내용을 어떻게 전달해야 할지 어려워하는 아이가 많다. 감상을 이야기하기는 더욱 어려워한다. 따라서 아이에게 "무엇을 느꼈어?" 또는 "무슨 이야기를 하는 것 같아?" 등 이야기에 대한 느낌이나 생각을 바로 질문하는 것은 좋지 않다. 아이가 대답하기 어려운 질문은 되도록 피한다.

대신 원칙이 있다. 우선 "어떻게 생각해?"와 같은 질문을 시도해본다. 아이에게는 오픈형 질문이 꼭 필요하다. 이런 질문을 듣고 생각해보고 답을 떠올려보는 경험이 중요하기 때문이다. 하지만 처음부터 엄마가 만족할 만한 답이 나오기는 어렵다.

처음에는 엄마가 대답하는 것을 들려주는 모델링에서 출발한다. 그것을 듣고 '아, 저렇게 대답할 수 있구나' 하고 아이디어를 얻을 수 있다. 엄마의 말이 좋은 길잡이가 될 수 있다는 점을 기억하자.

"누가 가장 마음에 들었어?"

"이 책에서 기억나는 게 뭐야?", "이 책에서 뭐가 제일 좋았어?" 등 따지듯이 묻는 것은 좋지 않다. 따라서 아이와 책에 대한 이야기를 할 때는 구체적인 질문으로 감상 포인트를 물어보는 것이 좋다.

아이에게 감상 포인트를 물어볼 때 주인공 또는 주인공을 둘러싼 인물 등으로 구분해서 구체적으로 물어본다. 특히 주인공은 아이가 기억하기 좋고 감정이입이 잘되는 좋은 포인트가 된다. 전체 스토리가 아닌 배경, 사건 등의 일부를 물어보면 아이가 부담 없이 표현할 수 있다.

● 인물

"책에 나온 사람 중에 누가 제일 좋았어?"

"책에 등장하는 인물이 될 수 있다면 누가 되고 싶어?"

"책에 나온 사람 중 친구하고 싶은 사람이 있어?"

● 사건

"○○가 산을 넘어갈 때 어떤 마음이 들었어?"

"○○가 독이 든 사과를 먹을 때 어떤 기분이었어?"

아이가 위와 같은 질문에 대답을 한다면 거기에서 출발한다. 아이가 신이 나서 이야기할 수 있는 장면, 아이가 유심히 본 장면을 잘 기억했다가 그 부분에 대한 이야기를 나눈다. 그러려면 엄마가 먼저 책을 읽고 어떤 내용인지 파악하고 있어야 한다. 아이가 감상까지 이야기하도록 하려면, 엄마와 함께 혹은 엄마가 먼저 책을 읽는 것이 반드시 필요하다. 이것은 열린 질문을 바탕으로 하는 브레인스토밍 과정이라고 볼 수 있다.

"엄마가 이야기해볼까?"

아이가 대답을 못하거나 이야기가 원하는 방향과 맞지 않을 때도 있다. 그럴 때는 엄마가 모델링을 해주는 것이 좋다.

> 엄마 : "○○가 산을 넘어갈 때 어떤 마음이 들었어?"
> 아이 : "걱정됐어."
> 엄마 : "엄마도 말해볼까? '호랑이를 또 만나면 어떡하나' 하고 조마조마한 마음이 들었어. 무사히 지나가서 얼마나 다행인지 몰라."
> 아이 : "맞아. 나도 너무 걱정됐어."
> 엄마 : "착한 ○○니까 별문제 없이 잘 지나간 것 같아."

아이는 엄마의 말을 들으면서 아이디어를 얻는다. '조마조마하다'는 말도 '무사히 지나가서 다행'이라는 말도 허투루 듣지 않는다. 그리고 다음에 질문을 받으면 이렇게 말하려고 애쓸 것이다.

"엄마 생각은 ○○한데, 네 생각은 어때?"

글이나 책을 읽은 소감에 대해 열린 질문으로 아이가 생각해볼 기회를 주고(브레인스토밍) 엄마가 질문하는 내용에 대해 먼저 엄마 생각을 들려준(모델링) 다음 아이 스스로 말해보는 기회를 준다.

처음에는 엄마 생각과 비슷하게 이야기할 수도 있지만 엄마가 한 이야기를 다시 말해보고 좀 더 확장하는 기회를 준다는 점에서

118

중요하다. 아이가 자신감이 붙으면 엄마가 한 이야기에 내용을 덧붙이거나 전혀 다른, 혹은 기발한 이야기를 할 수도 있다.

아이가 자신 없어 하면 계속 말하라고 다그치기보다 반복적으로 아이디어를 주면서 아이의 생각을 연결해주는 방법으로 대답을 이끌어내는 것이 좋다.

아이에게 들려주는 엄마의 말이 거창할 필요는 없다. 아이에게 뭔가 멋진 말을 해주려고 고민할 필요도 없다. 의도가 드러나지 않도록 자연스럽게 이야기하는 것으로 충분하다. 아이가 자신의 이야기를 조금이라도 꺼내놓을 수 있으면 된다.

독서 감상의 예를 보여주는 말

- "누가 가장 마음에 들었어?" : 구체적인 생각을 이끌어내는 말
- "엄마가 이야기해볼까?" : 엄마의 이야기를 통해 아이디어를 얻게 하는 말
- "엄마 생각은 ○○한데, 네 생각은 어때?" : 생각을 말로 표현하게 하는 말

"너라면 어떻게 할 것 같아?"

: 생각을 확장하도록 돕는 말

아이가 글을 읽고 전체 내용을 제대로 파악하지 못한다고 걱정하는 엄마가 많다. 느낌이나 생각도 잘 정리하지 못한다고 말하기도 한다. 책을 잘 이해하지 못하고 어려워하는, 즉 문해력에 어려움을 겪는 아이를 위해서 줄거리가 핵심적으로 담긴 영상을 보여주는 경우도 있다. '이 책 내용은 꼭 알아야 하니까. 이게 제일 쉬운 방법이지. 원작에 가까운 것으로 보여주자' 하는 마음인 것이다.

그런데 아이에게 영상으로 내용을 이해하게 해서는 절대로 안된다. 책이나 글을 읽으며 많은 것을 생각하고 스스로 내용을 이해하는 연습을 수없이 반복해야 생각 주머니가 커지기 때문이다.

고등학생을 대상으로 황순원의 작품《소나기》에 대한 실험을 진행했다. 한 그룹은 영화 〈소나기〉를 보고, 다른 한 그룹은 소설《소나기》를 읽고 그림을 그리게 했다. 어떤 결과가 나왔을까?

영화를 본 학생들의 그림은 모습과 구도가 거의 비슷했다. 반면 책을 읽은 학생들은 구도와 내용이 각기 다른 그림을 그렸다. 영화를 본 학생들이 그린 그림은 아이가 입고 있는 옷이며 배경이 되는 시골 풍경이며 아이가 노는 놀이 등이 비슷했다.

우리의 뇌는 눈으로 본 것에 대해서는 더 이상 사고 활동을 하지 않는다. 색깔이나 모양, 위치 등을 모두 확인했기 때문에 더 이상 생각하지 않아도 되는 것이다. 궁금한 것, 생각할 것이 없는데 뇌를 움직일 이유가 없다.

그런데 글자는 다르다. 우리는 글을 읽는 동안 다양한 범위에서 생각하고 배경을 떠올리고 감정을 불러일으킨다. 그렇게 뇌가 자꾸만 움직이게 된다. 그러다 보니《소나기》를 읽고 그린 그림은 모두 제각각이었다. 저마다 상상한 대로 표현했기 때문에 그림의 배경이며 사용한 색깔이 모두가 달랐다. 어느 것도 정답은 없다.

엄마가 책을 읽어주든 아이 스스로 책을 읽든 책을 통해 정보를 얻고 이야기를 경험한 아이는 눈으로 직접 영상을 보는 것과 달리 다양한 생각을 하게 된다. 이와 같이 뇌가 활성화하면서 상상력을 발휘하는 과정은 반드시 필요하다.

아이가 글을 통해 이해하는 것만이 전부가 아니라 생각을 키워나가고 확장할 수 있도록 도와주어야 한다. 그것이 문해력의 진정한 힘이라고 해도 과언이 아니다.

주인공이 위기에 닥쳤을 때, 아이는 감정에 몰입해 주인공과 함께 해결 방법을 찾아 나선다. 이런 상황을 아이가 상상해서 실제로 이야기를 만들어보게 하는 것은 정말 중요하다.

특히 책이나 글을 다 읽은 다음에 이야기를 만드는 것도 좋고, 중간에 상상해보게 하는 것도 좋다. 아이가 몰입하는 상황에서는 군이 중간에 이야기를 끊을 필요는 없지만, 아이가 원하면 그 이야기를 들어주고 함께 상상해보는 것도 좋다.

"주인공이 착해서 아무 말도 못 하고 이게 뭐야. 너무 속상해."

이 정도면 주인공에게 충분히 감정이입이 되고 책의 흐름도 잘 파악한 수준이다. 아이가 생각한 이야기를 만들어가고 함께 나누는 것, 그다음에 엄마가 '만약 너라면'이라는 질문을 던져주면 더욱 좋다. 일어나지 않은 일에 대해 생각해보게 하는 질문은 매우 의미 있다. 그것은 상상력과 창의력이라는 새로운 세계로 연결된다.

원래 이야기와 조금이라도 다른 흐름으로 이야기를 만들었다는 것 자체가 칭찬할 만하다. 아이의 이야기는 어떤 식으로든 칭찬하고 격려하는 것이 좋다. 아이가 상상력을 발휘한 결과이기 때문에 어떤 이야기라도 완성도를 떠나서 의미가 있다.

"이 이야기는 어떻게 끝내야 할까?"

아이가 다른 이야기를 생각해냈을 때 그 아이디어를 칭찬하고 격려하는 것에서 조금 더 나아가 아이의 방식으로 어떻게 진행할 수 있을지 이야기를 나누어보는 것이 좋다. 결론이 같은 이야기가 될 수도 있고 전혀 다른 이야기가 될 수도 있다.

아이에게는 이야기를 만들어냈다는 것 자체가 재미있는 경험이 된다. 특히 이야기를 들어주는 엄마가 적극적으로 반응하면 더욱 신나는 스토리텔링이 된다.

> 엄마 : "그래서?"
> 아이 : "아니면 그 아이가 옆집으로 가서 도움을 요청하는 거야. 그래서 뜻밖의 선물을 얻어 와. 아주 신기한 색깔의 상자."
> 엄마 : "옆집 아주머니가 주신 상자에는 뭐가 들어 있을 거 같아?"
> 아이 : "열었더니, 그 안에는 신기한 책이 들어 있었어."

아이가 계속 이야기를 이끌어가게 하면서 맞장구를 쳐주며 그다음 이야기를 궁금해하는 엄마의 반응이 아이를 더욱 신나게 만든다. 아이가 만드는 이야기가 결론까지 연결된다면 더욱 성공적이다. 말하기나 쓰기 같은 자기표현 활동에서 가장 중요한 것이 아이디어와 이야기의 연결이다.

"마지막이 어떻게 되는지 볼까?"

글을 읽다가 중간에 새로운 이야기를 만들어갔다면, 글의 결론이 어떻게 났는지 아이와 함께 확인해봐야 한다. 글의 흐름이 아이가 생각한 대로 진행되었다면 아이는 자기가 작가가 된 것처럼 뿌듯할 것이다.

"와, 작가랑 똑같은 생각을 했네. 멋지다!"

만약 자신이 생각한 이야기와 다른 흐름으로 갔더라도 새로운 이야기를 읽는 경험을 하게 되니 그 역시 의미 있다. 때로는 아이가 만든 이야기가 더 재미있다고 말해주는 것이 좋다.

글을 다 읽고 난 뒤 "나 같으면 이렇게 했을 것 같아." 하고 새로운 이야기를 만들거나 새로운 아이디어를 확장해갔을 때는 비슷한 다른 이야기에서 어떤 결론이 났는지, 더 재미있는 이야기가 있는지 찾아보면서 책 읽기를 확장해나가는 것도 좋은 방법이다.

"너와 다른 의견도 한번 볼까?"

동화나 소설 같은 문학 장르가 아니라 비문학 장르의 글을 읽었다면 '나라면 이 의견을 따르겠는지' 혹은 '이게 맞다고 생각하는지'에 대해 이야기해보면 좋다. 글과 의견이 같든 다르든 그 이유를 말해보거나 그와 연관된 다른 글을 건네보는 것도 좋은 방법이다. 여기에 엄마의 생각을 덧붙여 말해보는 것도 좋다.

엄마 : "글쓴이의 생각은 어떤 것 같아?"

아이 : "자연보호가 지역개발보다 더 중요하다는 의견이야."

엄마 : "네 생각은 어때?"

아이 : "지역개발이 더 중요한 것 같아."

엄마 : "왜 그렇게 생각했어?"

아이 : "잘은 모르겠지만 환경만 생각하다가 여러 문제가 생길 수 있을 것 같아."

엄마 : "좋은 생각이야. 여기 너처럼 지역개발이 더 중요하다고 생각하는 사람이 쓴 글이야. 한번 읽어볼래?"

반대 입장의 글을 보는 것은 논리적 관점에서 매우 중요하다. '자연보호가 중요하다'는 내용의 글을 읽고 그 입장에 찬성했다면 이번에는 '지역개발이 필요하다'는 내용의 글을 읽으며 반대 입장에서의 논리를 살펴보는 것이다. 내 입장도 중요하지만 다른 사람 입장이나 논리도 글로 읽어보고 이해하는 것이 필요하기 때문이다.

특히 논설문이나 설명문까지는 아니어도 비문학적인 글을 읽는 경험은 문해력을 키우는 데 매우 중요하다. 특히 내 생각과 다른 이야기를 통해 생각의 폭을 넓히는 일은 꼭 필요하다. 이는 생각의 논리성을 가진다는 뜻이기도 하다.

- "어떻게 했으면 더 좋았을까?" : 글 내용에 감정이입을 하게 하는 말
- "이 이야기는 어떻게 끝내야 할까?" : 이야기를 상상하게 하는 말
- "마지막이 어떻게 되는지 볼까?" : 아이가 새로운 이야기를 읽게 하는 말
- "너와 다른 의견도 한번 볼까?" : 생각의 폭을 넓히는 말

"비슷한 책 읽어본 적 있어?"

: 다음 독서로 이어지게 하는 말

일본 도호쿠 대학교 의학부 가와시마 류타 교수는 10년이 넘도록 인간의 행동, 말, 생각에 따른 뇌의 활성 부위를 연구했다. 우리가 어떤 행동이나 생각을 할 때, 또는 어떤 감정을 느낄 때 뇌가 어떻게 활동하는지를 실시간 영상으로 기록하고 분석하는 작업을 한 것이다.

그러던 중 책 읽기에 대한 재미있는 연구를 했다. 학생들에게 '내일 할 일을 생각하기', '카드놀이', '게임하기', '만화책 보기', '책 읽기' 등의 과제를 내주고 과제를 수행할 때마다 MRI로 뇌 활동을 분석했다. 게임할 때 나름 머리를 쓰는 것 같아 보이지만 실제로는 뇌가 거의 활성화되지 않았다. 만화책을 볼 때는 어떨까. 읽는 활동을 하는 것 같지만 뇌의 일정 부분만 활성화되는 것을 확인했다. 그럼 책 읽기는 어떨까. 다른 과제와 비교할 수 없을 정도로 뇌가 광범위하게 활성화됐다. 읽기는 뇌를 변화시킨다. 생각의 폭이 넓어지고 이해력이 깊어진다. 더 나아가 사물과 세상을 대하는 눈과 마음도 달라진다.

그렇다면 독서를 통해 본격적인 지식을 습득하는 시기는 언제일까? 독서 교육 전문가들은 초등학교 4학년 때가 독서의 중요한 전환기라고 말한다. 초등학교 저학년은 사실상 읽기 방법을 배우는 시기이고, 그 후부터 읽기 능력을 활용해 많은 지식을 습득하게 된다. 따라서 초등학교 저학년 아이에게는 다양한 독서 경험과 함께 고학년을 대비해 좀 더 깊이 있는 읽기를 시도해야 한다.

그렇다고 무조건 책을 많이 읽게 하는 것에 집착해서는 안 된다. 단기간에 많은 책을 읽는 능력이 문해력이나 학습력과 연관된다는 근거는 어디에도 없다. 책을 즐길 수 있도록 기회를 주고 그것을 함께하는 엄마의 노력이 아이의 독서 성장을 이루어낸다.

책을 읽되 자신만의 시각으로 이해하고 재해석할 수 있는 능력을 길러야 한다. 독서가 지적 호기심과 연결된다면 독서를 더 깊고 넓게 할 수 있다. 아이의 지적 호기심을 책과 연결하려면 아이의 관심사를 파악하고 그 관심사와 관련된 책으로 이끌어야 한다.

"그 책 재미있어? 이 책도 재미있을 것 같은데?"

아이가 읽은 책에서 느낀 흥미를 존중하고 다른 책으로 관심을 이끈다. "그 책이 뭐가 재미있니, 이 책이 더 좋아."와 같이 엄마의 선택을 우선시하는 것이 아니라 아이의 현재 독서와 아이의 선택을 존중해주는 것이다. 아이가 지금 읽고 있는 책의 내용이나 주제를 미리 파악하고 그다음 책을 권하는 것은 아이의 읽기를 깊게 또는 넓게 확장시키는 좋은 방법이다.

이를 위해서는 아이가 좋아하는 책을 알아차리는 엄마의 눈, 좋아하는 분야가 무엇인지 살필 수 있는 엄마의 마음이 필요하다. 그래야 아이가 좋아하는 분야의 책을 적절한 시기에 내밀 수 있다.

"이 책을 읽었으니 이런 책도 충분히 읽을 것 같은데 어때?"

아이가 어떤 책을 읽든 아이의 독서 수준은 항상 긍정적으로 칭찬해주어야 한다. 어려운 분야거나 생소한 분야라면 더욱 그렇다.

다음 독서를 위해서 엄마가 슬그머니 조금 더 어렵거나 다른 분야의 책을 권하는 것은 매우 중요하다. 그리고 도전 의식을 불러일으킬 수 있도록 '충분히 할 수 있다'고 격려해준다. 좀 더 어려운 분야의 책 읽기에 시도할 수 있도록 하는 데, 그리고 독서를 확장하고 유지하는 데 스스로 도전하게 하는 것만큼 좋은 것은 없다.

"지금 읽은 책 좋았어? 이 작가가 쓴 다른 책도 읽어볼래?"

아이가 동화나 소설 같은 문학을 좋아한다면 작가에 대한 관심을 가지고 있을 수 있다. 특히 그림책은 작가의 성향이나 스타일이 고스란히 드러나는 경우가 많다.

아이가 특정 작가의 그림 형태를 좋아한다면 그 작가의 다른 책을 권하는 것도 좋다. 그림이 마음에 들어 책을 선택하는 아이도 꽤 있다. 고학년이 되면 특정 작가의 책에 대한 선호도를 갖게 된다. 이때 같은 작가가 쓴 다른 책이나 비슷한 글을 쓰는 작가의 책을 권하면 아이의 독서 반경을 넓힐 수 있다.

"지구에 대한 책 재미있지? 지구 옆에 있는 화성에 대한 책은 어때?"

특정 분야에 대한 책에 관심이 많은 아이라면 집중 독서를 존중해주면서도 분야를 확장하는 독서 경험을 제공해준다. 지구에 꽂혀 있는 아이라면 화성이나 태양 등 연관 분야로 조금씩 독서 범위를 확장해준다. 좋아하는 분야의 책을 읽어낼 수 있는 아이라면 충분히 다른 분야의 책도 읽을 수 있다.

아이는 자신이 관심을 가진 주제에서 약간만 벗어나도 비슷한 주제 혹은 새로운 주제로 받아들인다. 한 가지에 꽂혀 있는 아이가 좋아하는 주제라면 조금 더 확장해보자.

"와, 이 책을 다 읽었어?"

아이가 책을 다 읽었다면 무조건 칭찬하자. 엄마의 눈에 유치하고 부족한 수준일 수도 있지만 우선 칭찬해준다. 또다른 책도 읽을 수 있을 거라는 격려를 아끼지 않는다.

책을 읽는 아이에게 지금보다 어렵거나 긴 책을 읽기를 바라는 엄마의 욕심을 드러내는 것은 금물이다. 지금 아이가 잘 읽고 있는 책보다 수준을 약간만 높이는 정도면 충분하다. 수준을 그냥 높이는 것이 아니라 '약간'에 집중해야 한다. 자신이 방금 재미있게 본 책과 비슷하게 느낄 정도의 차이는 아이가 부담 없이 책을 집어 들게 만들 수 있다.

다음 독서로 이어지게 하는 말

- "이 책도 재미있을 것 같은데?" : 다른 책으로 관심을 이끄는 말
- "이런 책도 충분히 읽을 것 같은데 어때?" : 아이를 도전하게 하는 말
- "이 작가가 쓴 다른 책도 읽어볼래?" : 작가에 대한 관심을 불러일으키는 말
- "○○ 옆에 있는 ○○에 대한 책은 어때?" : 관심사를 확장시키는 말
- "와, 이 책을 다 읽었어?" : 아이를 칭찬하고 인정하는 말

말이 느린 아이, 잘 읽지 못하는 아이,
언제까지 책을 읽어주어야 하나요?

아이의 읽기 독립 시기를 두고 많은 엄마들이 고민한다. 아이의 성장 과정에서 책을 혼자 읽는 시기는 분명히 와야 하고, 엄마의 도움 없이 글을 읽고 이해하고 문제를 풀어야 한다. 초등학교 고학년이 엄마가 읽어주지 않으면 글을 전혀 이해하지 못한다거나 무슨 말인지 모른다면, 즉 혼자 읽기를 하지 못한다면 언어력 문제인지 문해력 문제인지 혹은 인지 기능이나 다른 문제인지 분명한 이유를 찾아야 한다.

이런 질문을 던지는 대부분의 엄마는 아이가 혼자 읽을 수 있는데도 잘 읽지 않으려 하고 책을 들고 와서 계속 읽어달라고 한다는 것이다. 아이가 잘 읽지 못하기 때문인지 고민인 것이다. 엄마들의 솔직한 심정은 아이가 책을 읽어달라고 들고 오면 귀찮거나 힘들어서 이제 책 좀 그만 들고 왔으면 좋겠다고, 혼자 척척 읽으면 좋겠다고 회피하고 싶은 마음인지도 모른다.

혹은 아이가 말이 늦고 읽기가 늦은 경우에도 '이제는 혼자 읽기를 시도해야 하지 않을까' 하고 고민하게 된다. 엄마가 읽어주는 것이 오히려 아이의 언어 능력이나 읽기 실력을 키우는 데 방해되지 않을까 생각한다. 우리 아이가 다른 아이들보다 늦어서 자꾸 읽어달라고 하는 것 같기 때문이다. 아이의 발달을 위해서라도 아이 스스로 읽도록 해야 하지 않을까 생각한다.

하지만 우리가 놓치지 말아야 할 것은 아이가 읽어달라고 하는 시기 또한 지금 이때뿐이라는 것이다. 무엇보다 느린 아이, 잘 읽지 못하는 아이에게 엄마가 읽어줄 때의 장점이 훨씬 더 크게 작용한다.

아이는 읽기보다 듣기가 먼저 발달하기 때문에 책 내용을 읽기보다 들었을 때 이해가 훨씬 빠르다. 단숨에 다양한 내용을 받아들이고 이해하는 데 듣기가 더 편한 것이다. 아이가 스스로 읽는 것보다 엄마가 읽어주었을 때 이해를 더 잘하고 잘 받아들이는 이유가 여기에 있다. 따라서 아이가 책을 잘 읽지 못한다고 유튜브 같은 영상 매체를 보여주면서 다양한 지식을 시각적으로 빨리 배우기를 바라는 것보다 엄마가 책을 읽어주는 게 훨씬 더 낫다.

그리고 무엇보다 중요한 것은 책을 읽어주는 엄마와의 정서적 교감이다. 보통 엄마 무릎에 앉히거나 옆에 앉혀서, 혹은 잠자리에서 아이를 재우면서 책을 읽어준다. 엄마와 함께 같은 그림을 보고 같은 이야기를 나누면서 엄마의 목소리를 통해 세상을 보는 것이 아이에게 얼마나 행복한 경험이 될까. 엄마가 읽어주는 책, 엄마의 목소리는 아이에게 안정감을 주고 아이의 마음을 지지해주는 역할을 한다.

아이가 책을 읽어달라고 하는 엄마라면 최소한 책으로 아이를 불편하게 하지 않았을 것이다. 엄마가 매번 책으로 아이를 시험했다면 아이가 먼저 책을 들고 오지 않을 것이다. 아이가 책을 읽어달라고 올 때 충분히 기쁜 태도로 응해야 한다. 귀찮다는 표정으로 "혼자 읽어. 혼자 읽을 수 있잖아."라고 말하면 아이는 책을 읽고 싶지 않게 된다. 그러면 엄마와의 독서는 물론 책 읽기를 좋아하지 않는 아이가 될지도 모른다.

책은 아이가 원할 때까지 읽어주어야 한다. 아이가 커서 글자 수가 많아져 책이 두꺼워지더라도 "엄마가 이만큼 읽어줄게, 이만큼은 네가 읽어."라고 하면서 가능한 만큼 책을 읽어준다. 아이는 변함없이 책을 읽어주는 엄마와 교감하면서 책을 매개로 엄마와 많은 이야기를 나눌 수 있다.

특히 언어가 느리고 읽기가 어려운 아이라도 엄마의 적극적인 노력이 책을 좋아하는 아이, 읽기를 포기하지 않는 아이를 만든다.

제3장

세상의 모든 언어를 아이의
어휘로 만드는 엄마의 대화법

어휘력이 중요한 이유

: 나이가 같아도 어휘 수준은 제각기 다르다

어휘력이라는 단어를 떠올렸을 때 '단어 뜻'이라고 생각하는 경우가 많다. 그런데 과연 어휘력이 '단어 뜻'일 뿐일까?

우리는 CD나 DVD 영상 자료를 이용해 공부하거나 책을 많이 읽고 문제집을 많이 풀면 빠른 시간에 어휘력을 높일 수 있다고 생각한다. 또 단어를 많이 알면 어휘력 혹은 문해력을 키울 수 있다고 여기는 것도 흔한 착각이다. 어휘력은 단순히 단어 뜻, 어휘를 둘러싼 지식만을 말하는 것이 아니기 때문이다.

어휘력은 한 단어를 둘러싼 지식의 총합을 말한다. 단어의 의미뿐만 아니라 형태, 활용과 같은 모든 지식의 총체라는 뜻이다. 특정 단어를 안다는 것은 문자로 표기된 형태를 식별하고 그것을 소리 내어 읽을 수 있으며 뜻을 알고 사용할 수 있음을 의미한다. 단어 뜻에 맥락과 그 단어가 어떻게 사용되는지까지 포함되는 좀 더 포괄적인 표현이 바로 어휘력이다.

'한글을 안다', '소리 나는 대로 읽을 수 있다'는 것은 어휘력 중에서 형태적 지식만을 아는 것이다. 단어의 뜻을 안다는 것은 어휘력 중에서도 의미적인 것을 아는 것에 불과하다. 따라서 이 모든 지식을 갖추려면 다양한 방법으로 어휘를 접하고 어휘의 사용이나 해석까지 확대되어야 한다.

어휘력은 문해력의 기본이다. 문해력에서 어휘력을 떼놓고 생각할 수 없다. 어휘력에 배경지식 등 좀 더 광범위한 영역이 포함되면 문해력이 된다. 따라서 긴 내용의 글을 제대로 해석하려면 어휘력이 필수 요소다.

우리가 아이의 어휘력에 관심을 갖는 시기는 사실상 영유아기부터다. '엄마, 아빠'라는 말을 했다, 엄마의 뜻을 알고 엄마를 쳐다본다, 엄마를 보고 '엄마'라고 한다… 이런 것이 어휘력의 출발이다. 그리고 대화를 시작하면서 엄마는 아이의 어휘 수준에 관심을 갖게 된다. 아주 어린 아이가 쓰는 말에서 출발해 단어 및 문장 수준, 의문사에 대한 이해와 상황 설명까지 단계별로 제대로 확장하고 있는지도 잘 살펴봐야 한다. 어휘 발달은 언어 능력의 발달과 연관 지어 그 시기와 수준이 적절한지가 중요하기 때문이다.

어휘 발달은 한 번의 전환기를 맞는데 상위언어 능력이 발달하는 6세부터다. 같은 말이어도 상황과 맥락에 따라 다른 뜻으로 쓰일 수 있고, 어휘 자체가 관용어나 비유 표현에서는 전혀 다르게 쓰일 수 있다는 것을 자연스럽게 익히게 된다. 이것을 상위언어 능력이라고 한다. 상위언어 능력이 발달해야 언어력도 어휘력도 문해력도 그다음 단계로 나아갈 수 있다.

여기서 놓치지 말아야 할 것은 아이의 나이가 같다고 해서 어휘력 수준이 모두 같지는 않다는 것이다. 같은 초등학교 1학년이어도 아이들의 어휘력 수준은 천차만별이다. 그래서 많은 엄마들이 아이의 어휘력을 걱정하고 이를 높이는 방법을 고민한다.

어린 시절 아이의 언어 발달을 촉진하기 위해 노력했던 엄마들은 초등학교 시기가 되면 '학교에서 해주겠지'라고 막연하게 생각하거나 독서 또는 논술 학원으로 방향을 트는 경우가 허다하다. 내가 아닌 누군가의 영역이라고 생각하는 것이다.

아이에게 재미있어야 한다는 점만 기억한다면, 의외로 아주 가까운 곳에서 어휘력 자극의 출발점을 찾을 수 있다. 학교나 학원은 아이에게 공부하는 곳, 배우는 곳 이상이 아니다. 그러나 어휘력은 공부로만 채워지지 않는다. 일상생활, 놀이, 대화, 경험, 독서 안에서 자연스럽게 습득되는 것이다. 이렇게 어휘를 익히고 어휘력을 늘리기 위해서는 엄마의 도움이 적극적으로 필요하다.

엄마와의 언어 놀이를 통해 어휘력이 자란 아이는 단순하게 외워서 어휘를 배운 아이보다 훨씬 더 다양하게 어휘를 쓸 수 있고 활용도 잘한다. 고급 어휘나 학습 어휘는 일상 대화에서가 아니라 독서나 공부를 통해 배울 수밖에 없다. 하지만 어휘를 연결하고 확장해 나가는 힘은 대화와 놀이를 통해서도 충분히 습득할 수 있다.

어휘력은 언어 능력을 기본으로 하며 이후 학습 능력과도 연관된다. 글을 읽고 책을 읽고 문제를 푸는 모든 과정에서 문해력이 기반이 된다. 그래서 어휘력 따로, 학습 따로가 아니라 교과서 읽기, 비문학 독해, 심지어 시험 문제 풀이에서도 어휘력은 매우 중요하다.

문해력에서 어휘력을 떼놓고 생각할 수 없다. 어휘력을 제대로 갖춰야 문해력이 발달할 수 있다. 그런데 어휘력은 아주 어린 시절부터 엄마의 언어 자극으로 성장할 수 있다는 점에서 볼 때 아이에게 어떤 말로 어떻게 언어 자극을 주는 것이 좋은지 고민하지 않을 수 없다. 나아가 어휘력이 진정한 문해력으로 성장하게 하려면 엄마가 어떤 도움을 주어야 하는지도 함께 생각해야 한다.

어휘력은 아주 어린 나이부터 대화와 경험을 통해 키워진다. 아이에게 즐겁고 재미있어야 한다는 점만 기억한다면, 의외로 아주 가까운 곳에서 어휘력 자극의 출발점을 찾을 수 있을 것이다.

Step I. 어휘 기본 단계

"엄마가 설명하는 게 뭘까?"

: 단어 뜻을 추측해보게 하는 말

어휘력은 읽기, 쓰기, 말하기, 듣기 능력을 향상시키는 기둥과 같다. 벽돌과 시멘트가 집을 짓는 기초 자재이듯 어휘력은 언어 능력과 학습력, 문해력의 기초 도구다. 따라서 어휘력의 중요함은 아무리 강조해도 지나치지 않다.

그럼에도 영어 단어는 열심히 외우면서 우리말 단어는 등한시한다. 그러다 빠르면 초등학교 고학년, 늦어도 고등학교에 가서 어휘력에 발목이 잡힌다는 것을 느낀다. 일반적으로 어휘에 취약한 가장 큰 이유는 모국어라고 방심하기 때문이다. 매일 우리말로 대화하고 문자 메시지를 주고받고 책을 읽고 방송을 보고 듣기 때문에 생활 속에서 어느 정도 어휘력을 갖추게 된다. 그래서 일상생활에서 어휘력의 필요성이나 중요성을 제대로 인식하지 못한다.

하지만 글을 읽을 때나 쓸 때는 다르다. 전체 글에서 뜻을 아는 어휘의 비중이 80퍼센트가 안 되면 제대로 소화하기 어렵다. 모르는 어휘가 많을 때 다음 문장으로 쉽사리 넘어가지 못한다. 글이 길수록 전반적으로 무슨 말인지 모르겠다는 이야기를 하게 된다.

초등학교에 들어가면서부터, 혹은 글을 알고 읽기 시작하면서부터 어휘력이 생긴다고 생각하는 것은 큰 오산이다. 영어 단어 외우듯 문제집을 풀면 된다는 생각 역시 착각이다.

어휘력은 어릴 때부터 단어를 배우는 순간순간 쌓인다. 단어를 설명하는 능력이 곧 어휘력이기 때문에 어휘력은 아주 어린 나이부터, 처음 의사소통 대상인 엄마가 함께 키울 수 있다.

"○○한 것은 무엇일까?"

가장 쉽게 어휘력을 키울 수 있는 방법은 단어 뜻에 대한 퀴즈를 내서 맞히게 하는 것이다. 언어가 빠른 아이는 5세부터도 가능하다. "토끼가 좋아하는 채소는 무엇일까?", "네모 모양으로 생겼고, 안에다 더러운 옷을 넣고 세제를 넣으면 깨끗하게 빨아주는 기계는 뭘까?"와 같이 어떤 물건의 내용과 특징을 설명하고 아이에게 이것을 맞히게 한다.

처음에는 시선만 돌리면 찾을 수 있는 것, 그리고 충분히 단서를 줄 수 있는 것부터 시작한다. "이건 동물이야.", "이건 과일이야."와 같이 범주적 단서를 주거나 "이건 거실에 있는 물건이야.", "이건 어린이집에 있는 거야."와 같이 거실이나 어린이집을 떠올리면 맞힐 수 있는 물건으로 퀴즈를 낸다. 아이가 단어 카드 등을 거부하지 않는다면 책상 위에 단어 카드를 놓고 그중에서 고르게 해도 좋다.

"이번에는 네가 문제 내볼래?"

엄마가 내는 문제의 답을 알아맞히는 것에 좀 익숙해지면 다음 단계는 아이가 문제를 내게 한다. 때로는 아이가 먼저 문제를 내겠다며 나서기도 한다. 엄마의 많은 모델링을 통해 '단어를 저렇게 설명하는 거구나' 하고 자신감이 생긴 것이다. 하나의 단어를 설명하려면 더 많은 단어를 사용해야 한다는 점을 생각하면 이것이야말로 어휘력을 키우는 가장 좋은 방법이다.

예를 들어 '침대'라는 단어를 설명하려면 '잘 때 누워서 잠자는 곳', '안방에도 있고 내 방에도 있는 것', '밤에 잠잘 때 사용하는 가구' 등의 표현을 써야 하는데 침대를 설명하기 위해서는 최소한 몇 가지 단어를 결합해야 한다.

처음에는 엄마가 설명하는 것과 똑같은 방법, 똑같은 문장을 쓸 수도 있다. 하지만 자연스럽게 아이는 하나의 단어를 설명하는 다른 방법을 찾게 될 것이고 점차 다른 어휘로 확장해나갈 것이다.

아이가 초등학생일 때는 교과서에 나오는 사회, 과학 용어로 설명하기 놀이를 해도 좋다. 아이가 단어를 설명한다는 것 자체가 이미 완벽하게 그 단어를 이해한 것이다.

"가족 퀴즈 대회 해볼까?"

단어 설명하기는 굉장히 학습적으로 보이지만 놀이로 재미있게 할 수 있다. '공부하는 방식'으로 어휘를 배우게 하는 것보다 재미있는 상황에서 어휘를 학습하면 더 오랫동안 기억에 남는다.

가족끼리 '진 팀이 치킨 사기-단어 퀴즈 대회' 같은 게임을 정기적으로 여는 것도 좋은 방법이다. 팀을 나누어 한쪽 팀이 퀴즈를 내고 다른 팀이 답을 맞히는 것이다.

"1번 문제. ○○한 것은 무엇인가?", "정답! ○○"와 같은 방식으로 진행한다. 여기서 주목해야 할 점은 바로 아이가 설명하는 방식이다. 아이들은 답을 못 맞히게 하려고 더 어렵게, 더 생소하게 단어 설명을 한다. 놀이로 단어를 설명하고 맞히는 방식은 어휘력 키우기에 아주 적절하다.

"심심하지? 단어 알아맞히기 놀이 하자!"

단어 알아맞히기 놀이는 틈새 시간을 활용해도 좋다. 버스를 기다리는 정류장이나 음식을 기다리는 식당, 밀리는 차 안에서 무료한 시간에 대부분 핸드폰을 만지작거린다. 이렇게 할 일 없는 시간에 아이와 같이 단어 알아맞히기를 하면 아이는 이 과정을 놀이처럼 받아들인다. 어릴 때부터 놀면서 하는 단어 알아맞히기가 자연스러운 아이는 나중에 초등학교 고학년이 돼서도 단어 알아맞히기 놀이를 게임처럼 받아들인다.

이렇게 어휘력을 키우는 과정을 아이가 놀이처럼 받아들이게 하려면 책상이나 딱딱한 학습 상황이 아니라 놀이 상황에서 이루어져야 한다는 것을 기억하자.

단어 뜻을 추측해보게 하는 말

- "○○한 것은 무엇일까?" : 단어 뜻을 알아맞히게 하는 말
- "이번에는 네가 문제 내볼래?" : 단어 뜻을 설명할 기회를 주는 말
- "가족 퀴즈 대회 해볼까?" : 가족과 함께 어휘 놀이를 유도하는 말
- "심심하지? 단어 알아맞히기 놀이 하자!" : 틈새 시간을 활용해 어휘를 확장하는 말

"끝말로 시작하는 말이 뭐야?"

: 끝말잇기로 단어를 확장하는 말

한글을 처음 배우는 단계의 아이는 철자를 제대로 알지 못한다. 그래서 보통 끝말잇기를 못 할 것이라고 생각한다. 하지만 끝말잇기는 한글을 완벽하게 알지 못하더라도 가능하다. 우리가 단어를 자연스럽게 듣고 말하기 때문에 한글을 배우기 이전에도 이미 발음하는 소리는 알고 있기 때문이다.

하지만 '가로 시작하는 말', '리로 끝나는 말' 혹은 '끝말잇기'와 같이 철자와 관련된 단어를 찾으며 노는 놀이는 쉽지만은 않다. 아주 어린 아이는 어떻게 하는 것인지 방법을 제대로 알 수도 없을뿐더러 아는 단어의 숫자도 매우 적어서 '가'로 끝나는 말 같은 단어를 찾아내기는 매우 어렵다.

나와 우리 아이들은 어릴 때부터 끝말잇기를 자주 했다. 한번은 끝말잇기를 하던 중 '드럼'이라는 단어가 나왔다. 여섯 살 아이에게 '드럼'은 끝말잇기에서 거의 마지막에 나오는 단어로, '럼'이라는 말로 시작하는 단어는 없다고 생각했을 것이다. 아이는 나를 보며 의기양양하게 이겼다는 표정을 지었다. 그런데 나는 '드럼' 뒤에 이을 단어가 있었다. "럼주."

아이가 해맑게 웃으며 물었다. "럼주가 뭐야?" "추운 나라에서 먹는 술이야. 엄청 독해." 아이는 '우와' 하는 표정으로 나를 바라봤다. 그리고 끝말잇기는 계속 이어졌다. 사실 여섯 살 아이에게 럼주는 꼭 알아야 할 단어는 아니다. 그런데 아이의 반응을 통해 나는 '아이가 럼주라는 단어를 모르는구나'라고 인지했다.

끝말잇기를 하면서 나는 의도적으로 쉬운 단어보다 아이들에게 어려울 듯한 단어를 사용하기도 했다. 아이들이 그 단어를 아는지 모르는지도 살펴보고, 모르는 단어에 대해서 충분히 이야기를 나누기도 했다. 이를 통해서 아이들이 모르는 단어를 생각보다 빨리 파악할 수 있었다.

아이가 자신이 모르는 단어를 그냥 묻는 경우는 없다. 모르는 단어가 나오는 글을 읽어야 "무슨 뜻이야?" 하고 물어보게 된다. 이러한 상황이 생기지 않는다면 아이가 어떤 단어를 모르는지 파악하기란 거의 불가능하다.

끝말잇기를 하면서 아이가 모르는 단어를 찾아내는 것, 그리고 그 활동 자체를 공부가 아닌 놀이로 접근하는 것이 중요하다. 우리 아이들이 끝말잇기를 좋아했던 이유는 등원길, 버스를 기다리는 정류장 등에서 무료한 시간에 그 놀이를 했기 때문이다. 그러다 보니 아이들이 먼저 "엄마, 끝말잇기 하자."라고 제안하는 경우도 많았다. 초등학교 고학년이 될 때까지 끝말잇기를 하면서 놀았는데, 나중에는 "엄마, '라'로 끝났는데 '나'로 바꿔도 돼?"와 같이 음운법칙과 관련된 다양한 질문을 하기도 했다. 그 과정에서 새로운 끝말잇기 방법을 제안하기도 했다.

아이들과 책상에 앉아 공부처럼 했다면 덜 재미있었을 것이고, 그러면 아이들이 먼저 끝말잇기 하자고 제안하지도 않았을 것이다. 거듭 강조하지만 어휘는 놀면서 자연스럽게 습득하는 것이 중요하다. 틈새 시간, 무료한 시간에 스마트폰을 쥐여주는 대신 아이와 함께 끝말잇기 놀이를 하면서 어휘력을 키워줄 수 있다.

"끝말잇기는 끝말로 시작하는 말을 찾는 거야."

아이와 끝말잇기 놀이를 처음 시도할 때는 무엇보다 방법을 알려주어야 한다. 처음에는 이론적인 방법을 설명하기보다 예를 들어 알려준다. 방법만 알려주면 정확하게 이해하기 어렵고 응용하기는 더 어렵다.

엄마 : "이 놀이는 말의 끝말로 시작하는 단어를 찾는 거야. '사과' 다음
　　　　에 '과'로 시작하는 말을 잇는 거야. '과'로 시작하는 말이 뭐가 있
　　　　을까?"

아이 : "과일."

엄마 : "맞아. 그러면 엄마는 '일'로 시작하는 말을 찾아야 해. 아, 일요일."

아이 : "어? 또 '일'로 끝나네?"

이런 방식으로 여러 번 해보면 익숙해진다. 처음에는 2음절의 쉬운 단어로 시작하는 것이 좋다.

"'리'로 끝나는 말도 찾아볼까?"

끝말로 시작하는 단어를 충분히 잘 찾게 되면 첫 글자나 마지막 글자를 알려주고 시작하는 말, 끝나는 말로 그 단어를 찾아보라고 해도 좋다. 예를 들어 나무의 '나'로 시작하는 말을 찾아보거나(나무, 나방, 나비 등) 대문의 '문'으로 끝나는 말을 찾게 하는(창문, 신문, 쪽문 등) 방법이다. '리리리자로 끝나는 말은'이라는 노래도 불러보고, 그 노래에서 아이디어를 얻어도 좋다. 처음에는 찾기 어렵고 시간이 걸릴 수 있지만, 한글을 처음 배우는 단계 혹은 한글을 배우지 않더라도 음운적인 특성을 아는 아이라면 충분히 할 수 있다.

이렇게 단어를 찾는 방식은 끝말잇기보다 조금 더 어렵다. 엄마는 아이가 단어를 말하기 전까지 충분히 기다려주는 것이 필요하다.

"끝말잇기를 두 글자로만 해볼까?"

끝말잇기를 할 때 놀이에 규칙을 두면 아이는 힘들어하면서도 더 재미있어한다. 단어의 글자 수를 정하거나 '동물 이름', '어린이 집에 있는 것' 등 주제를 정해 끝말잇기의 범위를 제한하는 것이다.

"이번 끝말잇기는 두 글자로 해볼까?"
"오늘 끝말잇기는 동물원에서 볼 수 있는 것으로 해볼까?"

아이들은 동물원에서 본 것을 이야기하면서 동물 이름만 이야기하는 것이 아니라 솜사탕을 봤다고도 하고 국수를 먹었다고도 하고 비눗방울을 떠올리기도 한다. 때로는 사건에서 단어를 떠올리기도 하는데, 아이의 경험치가 드러난다면 넘어가도 좋다. 아이가 단어를 찾아 말하게 하는 것이 목표이기 때문이다.

"오늘 나온 단어들, 다시 생각해볼까?"

아이와 끝말잇기로 이야기를 나누다 보면 아이가 어떤 단어를 모르는지, 어떤 단어를 잘 생각해내지 못하는지 알 수 있다. 끝말잇기가 마무리될 때는 아까 놓친 단어가 무엇인지 다시 한번 생각해보고 뜻이 무엇인지를 게임처럼 연결해도 좋다.

아이가 아까 '틀린 단어' 위주로 말해주는 것이지만, 굳이 이 단어가 틀려서 다시 말해준다고 알릴 필요는 없다. 아이가 자연스럽게 단어를 다시 확인할 수 있게 해주면 된다.

"아까 우리가 말한 단어들, 다시 한번 이야기해볼까?"
"아까 이 단어가 어려웠는데, 기억나니?"

아이에게 자연스럽게 단어 뜻을 말하도록 유도하고 모르던 단어를 얼마나 이해하고 넘어갔는지 확인한다. '다음에 확인해야지' 하고 미루지 말고 끝말잇기가 끝나고 곧바로 이야기를 나누면 기억이 잘 나서 자신 있게 말할 것이다.

끝말잇기로 단어를 확장하는 말

- "끝말잇기는 끝말로 시작하는 말을 찾는 거야." : 끝말잇기를 설명하는 말
- "ㅇ로 끝나는 말도 찾아볼까?" : 다른 방법으로 단어를 찾게 하는 말
- "끝말잇기를 두 글자로만 해볼까?" : 글자 수를 제한하는 말
- "오늘 나온 단어들, 다시 생각해볼까?" : 단어 뜻과 쓰임새를 연결해보는 말

"여기 들어갈 말이 뭔지 알아맞혀봐."

: 정확한 뜻을 아는지 확인하는 말

나는 언어치료를 받는 초등학생의 읽기 수준이 잘 가늠이 안 될 때, 혹은 다소 어려운 수준의 글을 읽게 할 때, 모르는 단어에 동그라미를 치게 한다. 특히 스토리가 있는 전래 동화나 명작 동화보다 다소 딱딱한 사회, 과학 동화나 정보를 담고 있는 비문학 지문에서 그런 시도를 해본다. 만약 동그라미 친 단어가 없거나 두세 개 정도라면 그 글을 읽고 이해하는 데 무리가 없는 것이지만 동그라미 수가 너무 많다면 아이에게 어려운 글이라 판단하고 조금 수준이 낮은 책으로 바꿔준다.

때로는 아이가 자기가 모르는 단어라는 사실을 감추기도 하는

데, 글에 나오는 특정 단어 몇 가지를 질문해보면 아이가 아는지 모르는지 금방 확인할 수 있다. 이처럼 어느 정도 어휘력으로 글을 읽고 문제를 파악하는지 살펴보는 과정이 꼭 필요하다. 특히 아이가 모르는 단어를 엄마가 수집하는 과정은 매우 중요하다. 아이가 어떤 단어군을 어려워하는지, 어휘력에 허점이 어디 있는지 확인할 수 있는 좋은 방법이기 때문이다. 아이가 어려워하는 어휘를 찾아내 따로 정리해두는 것도 좋다.

아이가 모르는 단어들이 어휘력 향상에 방해물이 되지 않게 계속 연습하는 과정은 필요하다. 특히 학습적 어휘에서 학년에 맞는 수준을 잘 따라가고 있는지, 모르는 단어라고 동그라미 친 것은 없는지 계속 체크한다.

아이가 모른다고 하는 단어를 알려주지 않는 엄마는 없다. 엄마가 설명해주든 찾아보게 하든 모르는 단어를 그냥 넘어가게 하지는 않는다. 충분히 설명했는데 아이가 완벽하게 이해했는지 걱정될 때는 괄호 채우기나 십자말풀이 등 다양한 어휘 게임을 활용해 단어 뜻을 아는지 확인하면 된다.

"모르는 단어가 있었네. 우리 한번 찾아볼까?"

영어 단어장을 만들 듯 우리말 단어장도 만들면 좋다. 아이가 부담스러워하면 엄마만 가지고 있어도 된다. 아이가 모르는 단어를 파악해 정리하는 데 좋은 수단이 되기 때문이다.

글을 읽다가 아이가 모르는 단어에 동그라미 쳐놓은 것, 책을 읽다가 "엄마, 이게 뭐야?" 하고 물어봤던 것, 일기를 쓰다가 뜻을 몰라 설명해준 단어를 모두 단어장에 써두는 것이다. 이것이 '아이가 완전 정복해야 할 어휘 모음'이 된다. 대신 아이가 모르겠다고 체크해둔 단어들을 보고 "이것도 모르니?", "이걸 왜 몰라?"와 같이 아이를 타박하거나 몰아붙이는 일은 없어야 한다. 엄마로부터 이런 이야기를 듣는다면 다음부터 솔직하게 모르는 단어들을 체크하기 쉽지 않을 것이다.

아이와 함께 단어 퀴즈 놀이를 할 때 이런 단어를 써보거나, 일상생활 어휘라면 엄마가 의도적으로 이런 단어를 사용해보는 것이 좋다. 아이가 반드시 알아야 할 수준인데 잘 모르는 단어라면 다양하게 노출 기회를 주는 것이 필요하다. 어떤 단어를 어떻게 노출할까에 대한 솔루션의 시작은 이 단어장에 있다.

단어장을 만들었다면 아이와 그 말을 가지고 이런저런 대화를 해보는 것이 좋다. "사회화라는 말이 이런 뜻이구나.", "사회의 구성

[단어장 예시]

날짜	모르는 단어	뜻	책 제목
1/1	사회화	• 인간의 상호작용 과정 • 인간이 사회의 구성원으로 살아가도록 기성세대에 동화함. 그런 일.	여러 사람이 어울려 살아

원으로 살아간다는 건 어떤 뜻일까?", "사회화를 하지 않으면 사회 구성원이 될 수 없을까?"처럼 아이의 생각을 넓힐 수 있는 다양한 질문을 던지고 엄마 또한 스스로 대답하면서 이야기를 이끌어나가면 더욱 좋다.

"괄호 안에 단어를 넣어볼까?"

'연필'이라는 단어를 사전에서 찾아보면 '필기도구의 하나. 흑연과 점토의 혼합물을 구워 만든 가느다란 심을 속에 넣고, 겉은 나무로 둘러싸서 만든다. 1565년에 영국에서 처음으로 만들었다'라고 나온다. 사전처럼 연필을 설명할 수 있는 사람은 없다. 사전을 펴보면 '굳이 저 단어를 저렇게 설명해야 하나?'라고 생각되는 것도 많다. 쉬운 단어도 설명이 매우 어렵기 때문이다.

따라서 단어를 사전에 적힌 것처럼 말하지는 못하더라도 그 뜻이 제대로 전달되기만 하면 된다. 예를 들어 연필을 사전처럼 설명하지 못해도 우리는 "(   )로 글을 쓸 수 있고 지우개로 지울 수 있다."라고 쓰여 있는 문장의 괄호 안에 '연필'이라는 단어를 넣을 수 있다.

아이가 모르는 낱말을 중심으로 임의로 괄호 채우기 문장을 만들어도 된다. 시중에 나온 문제집도 좋지만 아이에게 '딱 맞춤형' 괄호 채우기 문제는 엄마표가 가장 적절하다. 아이가 모르는 단어 목록을 만들어두고, 문장을 만드는 약간의 수고로움만 더한다면 아이의 어휘력을 확실하게 다질 수 있다.

일반적으로 단어 뜻을 설명하기는 어렵더라도 올바른 단어를 채워 넣기는 부담이 덜하다. 따라서 아이의 흥미를 유발할 수 있게 잘 모를 것 같은 단어와 잘 알 것 같은 단어를 적절히 섞은 괄호 채우기 문장을 활용해보는 것도 좋다. 모르는 단어만 계속 나온다면 아이들은 이 놀이를 더 이상 유지하지 못할 것이다.

"가로세로 십자말풀이 해볼까?"

십자말풀이는 단어 몇 가지만 이해하면, 연관된 다음 단어는 첫 음절이든 마지막 음절이든 힌트를 얻어 풀 수 있다는 점에서 매우 유용하다.

물론 가로세로 풀이가 쉽지만은 않다. 우선 가로와 세로 개념을 알아야 하고 가로 1번이 어디에 있는지 찾을 수 있어야 한다. 가로 세로에 맞는 단어들로 구성해야 하니 문제를 내는 것도 결코 쉽지 않다. 또 말이 아닌 글로 단어를 설명해놓았기 때문에 읽어서 문제를 풀기란 더욱 어렵다.

따라서 십자말풀이를 아이가 완벽하게 풀어내야 한다는 생각은 잠시 내려놓는 게 좋다. 십자말풀이를 잘 마무리할 수 있도록 단어를 쉽게 설명해주거나 읽어주고 함께 문제를 풀어봐도 좋다. 그리고 첫음절이나 끝음절이 힌트가 된다는 점도 알려준다. 아이가 문제 푸는 방법을 알고 이를 토대로 단어를 맞출 수 있으면 충분하다.

"이번에는 가로 3번 문제. 가로 3번이 어디 있니? 자, 찾았지? 여기 있네. 빈칸이 세 개야. 그러면 세 글자겠다. 그렇지? 그런데 첫 글자가 '눈'으로 시작하네. 우리가 아까 푼 2번 세로가 힌트가 되는구나. 자, 이제 문제를 읽어보자."

이렇게 구체적으로 어떻게 문제를 풀어야 하는지 여러 번 보여준다. 처음에는 엄마의 도움이 많이 필요할 수 있지만 반복될수록 아이 스스로 풀어내는 것에 흥미를 느끼게 될 것이다.

"이 정도는 충분히 할 수 있을 것 같은데?"

초반에는 조금 쉬운 것으로 시작해야 아이가 괄호 넣기나 십자 말풀이 등 단어를 맞히는 데 재미를 느낄 수 있다. 그리고 이것을 재미있어하면 조금 어려운 수준의 단어 퀴즈 형태를 제시해본다.

아이들은 익숙한 문제를 맞히는 것과 도전하는 것 사이에서 재미를 느낀다. 아이 수준에서 약간만 높아도 '어, 생각보다 어려운데' 하는 벽을 느끼면서도 조금 더 깊이 생각해보며 '이 정도쯤은 해낼 수 있다'는 자신감도 얻는다. 엄마가 아이를 잘 파악하고 있다면 아이 수준보다 조금 더 높게 문제를 제시하는 것도 충분히 가능하다. 아이가 고개를 갸우뚱하면서 어려워하는 듯한 반응을 보인다면 아이의 어깨를 두드리며 "충분히 할 수 있을 것 같은데", "○○한테는 어렵지 않을 것 같은데?"와 같이 도전할 수 있도록 응원해준다. 그리고 비슷하게라도 대답했다면 꼭 칭찬해주어야 한다.

정확한 뜻을 아는지 확인하는 말

- "우리 한번 찾아볼까?" : 모르는 단어를 확인하고 어휘를 정리하는 말
- "괄호 안에 단어를 넣어볼까?" : 단어의 뜻을 아는지 알아보는 말
- "십자말풀이 해볼까?" : 단어의 뜻과 힌트를 보고 정확한 단어를 맞히게 하는 말
- "이 정도는 충분히 할 수 있을 것 같은데?" : 자신감을 갖게 하는 말

"이런 느낌을 뭐라고 할까?"

: 추상적 개념을 단어로 연결하는 말

마음 이론은 자신과 다른 생각, 믿음, 바람, 의도 같은 마음 상태를 이해하고 추론하는 능력, 그것을 자신의 감정에 반영하고 자신의 마음을 조정하는 것에 대한 이론이다.

대화를 통해 말을 주고받으며 서로 마음을 이해하는 것은 단순히 언어를 전달하는 것 이상의 행위다. 의사소통은 마음 읽기와 근본적으로 연관된다고 볼 수 있다. 7세에 이미 말의 숨은 의미를 파악하는 능력이 높은 수준에 이르기 시작하며, 모호한 상황을 이해하는 능력은 7~9세에 대부분 완성된다. 아이들은 생각보다 어린 나이에 자신을 둘러싼 편안한 혹은 불편한 감정을 이해할 수 있다.

'감정 어휘' 같은 추상적인 단어는 오감을 통해 단어의 뜻을 파악한다고 볼 수 있다. 다른 사람의 말을 듣거나 글을 읽은 후 전체 내용을 파악하는 능력이 부족하거나 글에 대한 추론을 어려워하는 경우는 자신의 느낌을 표현하기 어려울 수밖에 없다.

따라서 생각이나 느낌을 표현하는 단어도 명사나 동사만큼 충분히 알아야 하므로 아이가 자연스럽게 배우고 말할 수 있도록 해주어야 한다. 마음을 이해한다는 것은 공감한다는 것이고, 공감할 수 있어야 글 내용도 잘 이해할 수 있기 때문이다.

이렇게 다른 사람의 감정을 파악하고 그것을 말로 표현할 수 있는 능력은 말을 이해하고 글을 이해하는 능력에도 영향을 미친다. 보통 어휘라고 하면 명사, 형용사, 동사 같은 '단어'를 떠올리기 쉽다. 하지만 생각과 느낌을 표현할 수 있어야 글을 읽고 제대로 감상하는 능력이 생긴다. 그리고 이를 통해 제대로 된 독서 감상문도 써낼 수 있다.

"이 책을 읽은 느낌이 어때?"

엄마는 아이가 책을 읽고 나면 제대로 읽었는지 의심하기 일쑤다. 그래서 "주인공 이름이 뭐야?", "주인공이 도시를 떠나기 전에 무슨 일이 있었어?", "마지막에 떠난 사람은 누구야?"와 같이 내용을 기억하는지 말해보라고 한다. 특히 아이가 너무 빨리 읽은 것 같거나 제대로 읽지 않은 것 같으면 끊임없이 줄거리를 확인하려고 한다. 그런데 아이의 읽기가 제대로 됐는지 알아보려면 내용보다 책에 대한 느낌, 즉 책을 다 읽고 났을 때의 소감에 대해서 물어보는 것이 좋다.

> "마지막에 심청이가 왕비가 되고, 심 봉사도 눈을 떠서 정말 다행이야."
> "왕자님이랑 결혼해서 행복하게 살게 돼서 너무 좋아."
> "파트라슈가 죽어서 어떡하면 좋아. 너무 불쌍해."

이러한 한 줄 느낌이 책 전체의 줄거리를 보여준다고 해도 과언이 아니다. 아이도 엄마의 질문 한마디에 책의 모든 내용을 기억해야 한다는 부담을 줄일 수 있다. 우리도 영화나 글을 봤을 때 전체 줄거리를 세세하게 다 기억하지는 않지만 영화가 끝나거나 책을 덮을 때 느껴지는 별점이나 감동이 있는 것과 마찬가지다.

"엄마의 생각부터 들어볼래?"

아이가 읽을 책을 엄마가 먼저 읽어보는 것은 매우 중요하다. 요즘 아이들이 읽는 책은 전래 동화나 명작 동화 외에 창작 동화도 많다. 아이가 책을 읽은 후 감정을 표현하는 것을 엄마가 모델링해주려면 엄마가 먼저 읽어봐야 한다. 아이는 엄마를 보고 책 읽은 후의 감정을 어떻게 말해야 하는지 배우고, 자신이 느낀 것과 다른 사람이 느낀 것이 다를 수 있다는 것도 알게 된다.

다양한 감정 어휘로 느낌을 표현하도록 아이에게만 요구할 것이 아니라 엄마도 아이 앞에서 감정 어휘를 많이 써야 한다. 단순히 '행복해', '좋아', '슬퍼'와 같은 감정 어휘만 쓴다면 제대로 감정을 표현했다고 볼 수 없다.

"○○했기 때문에 엄마도 이 장면이 뭉클했어."
"엄마는 이 부분이 차분하고 뭔가 평화로운 느낌이 들었어."

이렇게 구체적으로 표현해야 아이도 단어 사용에 대해 좀 더 생각해보게 된다. 특히 이러한 감정 어휘는 오감으로 표현해야 한다. 엄마가 '설렌다'는 단어를 쓰면서 눈빛이나 태도는 데면데면하다면 아이에게 설렌다는 감정을 제대로 전달하기 어렵다. 따라서 처음 감정 어휘를 말할 때는 간접적이나마 아이가 그 감정을 느끼도록 표현하는 연습도 필요하다.

"그림으로 그려보면 어떤 얼굴일까?"
'기쁘다', '슬프다' 같은 흔한 단어 말고 조금 더 깊이 생각해야 하는 감정 어휘는 그 느낌을 얼굴에 그려 표현해보게 하면 좋다. 느낌이나 감정을 드러내는 단어는 목소리와 눈, 입 등의 표정을 통해 나타나기 때문이다.

'잘한다'는 표현을 쓸 때 표정이나 어조에 진심으로 기뻐하는 느낌이 드러나 있다면 정말 잘한다는 축하의 말일 것이다. 하지만 '잘한다'의 말에 약간 비꼬는 표정과 어조가 깃들어 있다면 사실은 '잘못하고 있다'는 말인 것이다.

직접 얼굴 그림을 그려보면 가장 빠르고 정확하다. 눈이 어떤 모양인지, 입 모양이 벌어져 있는지, 입꼬리가 어떤 모양인지, 그 정도만 그려도 표정에서 감정이 드러난다. 좀 더 복잡한 감정을 드러내는 단어, 예를 들어 '수줍다', '후련하다', '짜릿하다', '시무룩하다' 같은 단어를 그림으로 그려보는 것도 재미있어하는 아이의 반응을 기대할 수 있다.

"언제 이런 기분이 들었어?"

책이나 엄마의 표현을 통해 여러 추상적 단어를 경험한 아이라면, 그 감정을 정확하게 표현하지는 못하더라도, 예를 들어 '무심하다'라는 단어의 경우 '이럴 때 무심하다는 표현을 쓰는구나'라고 깨닫게 된다.

가장 정확하게 추상적인 단어를 파악하는 방법 중 하나는 자신의 경험에 빗대어 설명하는 것이다. "내가 ○○한 상황에서 엄마가 무심하다고 생각했어.", "며칠 전에 학교에서 ○○한 일이 있었거든. 그때 친구들 반응이 무심해서 기분 나빴어."처럼 자신의 경험에서 감정과 연관된 추상적 단어를 쓸 수 있다면 정확하게 이 단어를 파악하고 있는 것이다.

따라서 아이가 생각해낸 단어를 경험에 빗대어 표현할 수 있도록 "너는 언제 이런 느낌이 들었어?" 하고 물어보는 것이 좋다. 혹은 아이가 아직 경험해보지 못한 감정이라면 "언제 이런 기분이 들 것 같아?" 하고 상상해서 대답하게 하는 것도 좋다.

추상적 개념을 단어로 연결하는 말

- "이 책을 읽은 느낌이 어때?" : 책에 대한 감상을 느낌으로 정리하는 말
- "엄마의 생각부터 들어볼래?" : 책을 읽은 엄마의 감상을 들을 기회를 주는 말
- "그림으로 그려보면 어떤 얼굴일까?" : 감정을 그림으로 표현하게 하는 말
- "언제 이런 기분이 들었어?" : 책에 나온 추상적 단어를 일상생활과 연결하는 말

특정 책만 고집하는 아이,
어떡해야 할까요?

아이 : "이거 읽어줘."

엄마 : "아니, 저번에도 보고 저저번에도 본 책을 또 봐? 다른
　　　것 좀 보지 왜 똑같은 책만 계속 보는 거야?"

똑같은 책을 여러 번 읽거나 좋은 영화를 여러 번 본 경험이
다들 있을 것이다. 처음 볼 때 보지 못한 것을 다시 보면서 발
견하거나 재미있는 부분을 다시 찾아서 보는 경험도 했을 것이
다. 아이가 똑같은 책을 외울 정도로 여러 번 보는 이유도 아
이에게는 그 책이 매번 새롭고 재미있기 때문이다.

어쩌면 특정 책을 반복해서 읽어주는 것이 엄마에게 힘들
지도 모른다. 하지만 아이에게는 절대적으로 중요한 일이다.

아이에게는 특정 책 몇 권만 읽는 것이 재미있고 배운 것을 복습하는 과정이다. 아이는 반복해서 들음으로써 언어를 익힌다. 같은 이야기를 반복해서 듣는 것이야말로 가장 확실하게 언어를 배우고 자연스럽게 활용할 수 있는 좋은 방법이다.

특히 책을 읽어줄 때 늘 똑같이 읽어주지 않는다는 것에 핵심이 있다. 한 사람이 열 번 읽어준다고 하더라도 그 열 번을 읽어줄 때마다 목소리 톤도, 발음도, 속도도 다 다르다. 아이는 같은 책이지만 같은 영화의 다른 장면을 보는 어른들처럼 새롭고 다른 느낌을 받게 된다.

놀랍게도 아이들은 같은 책을 읽더라도 매번 다른 질문을 하는 경우가 많다. 때로는 엄마들이 '너무 질문이 많아서 책을 읽어준 것 같지 않다'고 말하기도 한다. 책을 여러 번 반복해서 읽는 아이는 보통 책에 대해 질문을 많이 한다. 어떻게 여러 번 읽었는데도 다르게 질문하는지 신기할 정도다. 이때 아이 질문의 키포인트를 절대로 놓쳐선 안 된다.

질문을 조금 다르게 해석하는 눈이 필요하다. 이야기에 대한 호기심인지, 아니면 이야기와 상관없는 질문인지, 진지하게 무엇을 알고 싶은지 말이다. 초반에는 단순한 호기심에서 하는 질문("왜 주인공이 집을 떠났어?", "토끼는 왜 당근을 좋아해?")이나 책과 상관없는 질문("언제 마트에 갈 거야?", "저녁밥은 뭐 먹을 거야?")이 많을 수도 있지만, 책 읽기가 여러 번 반복될수록 배경지식이나 새롭게 보게 된 것에 대한 질문("왜 풀잎 위에 무당벌레가 있어?", "왜 도망가지 않고 여기에 있어?")이 늘어난다. 때로는 똑같은 질문을 반복할지라도 귀찮아하지 말고 존중해주어야 한다.

아이가 마르고 닳도록 그 책만 볼 것 같지만 어느 정도 시간이 지나면 다른 책으로 눈길을 돌린다. 인체에 대한 책만 보던 아이는 인체를 둘러싼 의식주로 범주를 확장하고, 지구에 대한 책만 보던 아이는 행성, 우주선 등으로 영역을 확장하는 시기가 반드시 온다. 물론 그렇게 되기까지 엄마의 기다림과 함께 적당한 시기에 확장 독서를 할 만한 관심 주제의 책들을 슬그머니 제시하는 센스도 필요하다.

아이가 어려도, 또 초등학생이라도 많은 책을 건성으로 읽는 것보다는 소수의 책을 정독하는 것이 오히려 더 좋다. 외울 정도여도 좋다. 아이에게는 정확하고 충분하게 어휘를 받아들이고 읽기를 제대로 연습하는 좋은 방법이 되기 때문이다. 엄마의 잣대로만 판단하지 말고 아이에게 깊이 읽는 독서 경험을 충분히 제공하자.

Step 2. 어휘 확장 단계

"○랑 ○를 합치면 뭐가 될까?"

: 한자어 어휘를 늘려가는 말

"선생님, 왜 이렇게 말이 어려워요?"

"한자 공부를 시켜야 하나요? 아이가 말을 이해하지 못해요."

"말을 하나하나 다 풀어줘야 해요. 그래야 하는 건가요?"

초등학교 3~4학년 아이를 둔 엄마들이 많이 하는 말이다. 교과서를 읽을 때, 글을 이해할 때, 시사적인 내용을 해석할 때, 가장 많이 막히는 부분이 한자어다. 일단 읽었을 때 말도 어렵고 뜻도 어려운 말이 많다.

말만 잘하면 통했던 어릴 때와 달리 초등학교 시기가 되면 읽어야 할 교과서나 학습 어휘가 많아지고 일상적으로 접하는 한자어의 비중이 점점 늘어난다. 사회, 과학 용어가 어렵게 느껴지는 가장 큰 이유는 한자어가 많기 때문이다. 아이들은 낯선 용어의 해석 자체를 어려워하고 시도조차 못 하는 경우가 많다. 그런데 그 뜻을 모르면 교과서도 이해하기 어렵다. 우리말에서 한자어 비중이 높아 생기는 일이기도 하다.

하지만 한자어는 뜻글자이기 때문에 뜻을 각각 해석하면 대충이라도 무슨 의미인지 파악할 수 있다는 점에 주목해야 한다. 한자어 자체가 어려운데, 그 어려운 단어를 외우기 위해서 애쓰기보다 각각의 뜻에 집중해서 해석하는 연습을 하다 보면 자연스럽게 한자어를 익힐 수 있다. 그렇게 알아가는 단어가 쌓이면 굳이 풀어서 해석하지 않더라도 자연스럽게 한자어를 받아들이고 뜻을 파악하게 되는 경우가 많다.

"글자 각각이 무슨 뜻일까?"

'각각의 뜻'을 생각하는 것은 한자어를 헤쳐 모으는 연습을 하는 것이다. 아주 쉬운 한자어부터 생각해보자. 예를 들어 '부모父母'는 아버지 부父, 어머니 모母라는 한자어를 쓴다. 그래서 부모라고 했을 때 '아버지와 어머니구나'라고 자연스럽게 뜻을 이해할 수 있다.

어려운 한자어일수록 글자를 각각 분리해보면 뜻이 좀 더 명확해지는 경우가 많다. 학년이 올라갈수록 모르는 단어가 점점 많아진다. 따라서 모든 단어를 맥락상 이해하기를 바라기보다 해석하는 방법을 알려주는 것이 더 유용하다.

아이가 단어 뜻을 잘 모른다면 글자 하나하나를 분리해 뜻을 유추할 수 있도록 유도하자. 정확하지는 않더라도 대략의 뜻이라도 알고 있는 한자라면 의외로 쉽게 단어 뜻을 알아낼 수 있다. 이렇게 하나하나 한자어의 뜻을 추측해보도록 한다.

"뜻을 다시 합쳐볼까?"

한자어 각각의 뜻을 떠올렸다면 이제는 합쳐야 한다. 각각의 음과 뜻을 안다고 해서 다 된 게 아니라, 각각의 뜻이 합쳐져 맥락 안에서 어떻게 사용됐는지 명확하게 알아야 하기 때문이다.

예를 들어 '동음이의어同音異義語'라는 단어를 생각해보자. 같을 동同, 소리 음音, 다를 이異, 뜻 의義, 말 어語, 이렇게 나누는 것이 한자어 각각을 구별하는 것이다. '같은 소리, 다른 뜻 말'을 조합해서 '소리는 같지만 뜻이 다른 말'이라는 단어 뜻을 조합해내는 것이다. 이렇게 하면 단어를 좀 더 쉽게 외울 수 있다. '동음이의어'를 그대로 외우려고 하면 잘 외워지지 않는다. 단어 뜻을 합쳐서 이해할 때 각각의 한자어 뜻을 해석하면 어려운 단어라도 쉽게 접근할 수 있다.

"이 한자가 들어간 다른 단어를 찾아볼까?"

아이가 한자어의 뜻을 빨리 찾아내지 못할 때 비슷한 다른 단어를 떠올려보게 한다. 예를 들어 '동음'이라는 말이 무슨 뜻인지 잘 모른다면 '같을 동'이 들어간 비슷한 단어군을 말해주는 것이다. 동질감, 동감, 동료 등 제시한 힌트만으로도 '같다'는 뜻이라는 것을 추측할 수 있다. 그러면서 '소리가 같다는 것이구나'라고 어렵지 않게 의미를 파악하게 된다.

혹은 비슷한 형태의 다른 말로 확장해서 말해주고 싶을 때도 비슷한 구조의 한자어를 생각해볼 여지를 주는 것이 좋다. '동음이의어'의 뜻을 알아냈다면 이번에는 '이음동의어異音同義語'의 뜻을 떠올려보게 하는 것이다. 동음이의어와 비슷한 구조로 '소리가 다르지만 뜻은 같은 단어를 말하는구나' 하면서 이음동의어의 뜻을 생각해낸다면 아이 스스로 뿌듯해할 것이다.

"완벽하게 해석할 필요는 없을 것 같은데?"

우리가 모든 단어의 뜻을 사전에 나온 대로 외우고 있지 않은 것처럼, 그리고 굳이 그렇게 외울 필요가 없는 것처럼 한자어도 완벽한 뜻을 알아야 하는 것은 아니다. 뜻을 완벽하게 이해하지 않아도 '대충 이런 뜻이지' 하는 정도로 생각할 수 있으면 충분하다.

예를 들어 '규약規約'이라는 말을 사전에서 찾아보면 '조직체 안에서 서로 지키도록 협의해 정해놓은 규칙'이라고 되어 있다. 그런데 규약이라는 말을 들었을 때 우리는 보통 '지켜야 할 것', '규칙', '약속' 같은 말을 떠올린다.

그 정도만으로도 문맥상 '규약'이라는 단어를 충분히 해석할 수 있다. 아이가 단어 뜻을 파악하느라 전체적인 글의 흐름을 놓치지 않도록 하는 것이 더 중요하다. 뜻글자라는 한자어의 특성상 한자어에 포함된 한자의 대략적인 뜻만 알아도 글을 해석하는 데 무리가 없다. 따라서 아이가 완벽하게 해석해야 한다는 강박관념을 가질 필요는 없다.

이렇게 한자어를 해석하는 연습을 하면서 한자어 어휘가 쌓여갈수록 한 자 한 자 뜻을 떠올리지 않더라도 자연스럽게 뜻을 상기하는 단어가 늘어날 것이다.

한자어 어휘를 늘려가는 말

- "글자 각각이 무슨 뜻일까?" : 한자 각각의 뜻을 먼저 생각해보게 하는 말
- "뜻을 다시 합쳐볼까?" : 각각의 뜻을 생각하고 하나로 합쳐보는 말
- "이 한자가 들어간 다른 단어를 찾아볼까?" : 같은 한자가 들어간 다른 단어를 떠올리게 하는 말
- "완벽하게 해석할 필요는 없을 것 같은데?" : 맥락을 파악해 뜻을 짐작하게 하는 말

"○○라는 말이 또 어디에 쓰일까?"

: 어휘의 쓰임새를 늘려가는 말

언어 수준이 남다르게 뛰어난 아홉 살 아이가 화제였던 적이 있다. 영어, 중국어, 스페인어, 러시아어, 아랍어 등 6개 국어를 구사하는 아이였다. 엄마의 말에 따르면 혼자 유튜브에서 외국어를 듣고 곧잘 따라 하게 됐다고 했다. 언어 감각이 놀라울 정도라고 할 수 있다. 그것을 본 우리나라의 많은 엄마들이 얼마나 부러워했을까.

이렇게 외국어를 술술 잘 배우는 아이가 우리말은 얼마나 잘하는지 검사를 했는데 결과가 충격적이었다. 오히려 또래보다 어휘력이 부족하다고 나온 것이다.

아이가 유튜브를 통해 언어를 배우는 사이, 다른 사람과 대화하고 엄마와 함께 책을 읽는 것과 같은 다양한 언어적 활동이 제대로 이루어지지 않은 것이다. 외국어를 듣고 말하는 기술은 늘었지만, 우리말 어휘력이 부족하면 앞으로 외국어를 배우는 데 한계가 될 것이라는 전문가의 소견도 있었다. 외국어를 아무리 잘 듣고 말하더라도 우리말 어휘력이 부족하면 외국어로 자신의 생각을 표현하는 능력이 떨어질 수밖에 없기 때문이다.

어휘력은 문해력과 모든 학습의 기본이다. 어휘는 글의 상황에 따라 다양한 의미로 쓰이기 때문에 한 가지 뜻만 안다고 해서 크게 의미가 없다. 같은 말이라도 어디에 어떻게 쓰느냐에 따라 다른 뜻이 된다. 그리고 배경지식과 결합하면 같은 단어가 다르게 이해되고 다르게 연상된다.

'신발'이라는 단어가《홍길동전》에서 홍길동이 신고 있는 신발이면 바로 서민들이 신던 짚신이 될 것이다.《신데렐라》에 나오는 신발은 유리 구두다. 그런데 만약 '신발'이라는 단어를 보고 글의 배경지식과 연결하지 못한다면, 글 속의 신발 이미지와 글 내용이 들어맞지 않을 것이다.

따라서 어휘력이 풍부하다는 것은 어휘를 많이 안다는 뜻이기도 하지만 적재적소에 어휘를 잘 활용한다는 뜻이기도 하다. 그래야 말이나 글로 뜻을 잘 표현하고 글에 담긴 의미를 잘 파악할 수 있는 것이다.

"이 단어 ○○에서 봤는데, 무슨 뜻인지 기억나니?"

동음이의어가 아니더라도 단어는 다양한 글에서 여러 의미로 쓰일 수 있다. 어휘는 넓고 다양하게 공부해야 하고, 같은 단어라도 다른 뜻이 있을 수 있다는 점을 알아야 한다. 영어도 사전을 보면 해석이 1번, 2번… 이렇게 다양하게 나온 경우가 많다.

전문용어의 뜻은 관련된 단어를 알려주면 더 잘 기억하고 연상하기 쉽다. 특히 시사적이고 전문적인 용어는 그 뜻을 직접 알려주면 오히려 더 어려울 수 있기 때문에 신문이나 뉴스, 책, 라디오 혹은 일상생활에서 보고 들은 기억을 상기시킨다. 그래서 아이가 유심히 혹은 무심결에 보고 들은 단어를 기억해내고 그 단어가 어떻게 쓰였는지 생각해낸다면 그 단어를 잊어버리지 않을 것이다.

> 아이 : "'뉴스레터 플랫폼'이라는 말이 나오는데 플랫폼이 무슨 뜻이
> 야?"
> 엄마 : "얼마 전에 기차 탔을 때 플랫폼이라고 하는 말을 들었는데, 그
> 게 어디였는지 기억나?"
> 아이 : "아, 기차 타는 곳…."
> 엄마 : "맞아, 기차를 기다리고 타는 곳. 그런데 컴퓨터에서 쓰일 때는
> 기초가 되는 것을 플랫폼이라고 해. 무슨 뜻인지 알겠어?"
> 아이 : "기차를 타고 어딘가를 가듯이 컴퓨터에서도 플랫폼이 기본이 돼
> 서 움직이겠네."

"같은 말인데 뜻이 다른 단어도 있어."

우리말에는 동음이의어가 있다. '다리'라는 말이 길을 건너는 다리도 되고 우리 신체 부위도 된다. '배'는 먹는 배, 강이나 바다에 떠 있는 배, 그리고 우리 몸에 있는 배도 있다.

"나는 친구와 걸어서 다리를 건넜다."라는 문장이 있다. 그런데 아이가 건너는 다리는 모르고 몸의 신체 부위로만 다리를 알고 있다면 이 문장을 절대 이해할 수 없다.

아이가 글을 읽고 "이상해."라고 하면 아이의 어휘력으로는 이 문장이 이해되지 않는다는 뜻이다. 문장을 살펴보고 똑같은 단어지만 뜻이 완전히 다른 단어가 있다는 것을 설명해주고 여러 개 예를 들어주는 것이 좋다. 다르게 쓰인 예를 아이가 찾아보게 하는 것도 좋은 방법이다.

"이 말은 또 언제 쓸까?"

아이에게 모르는 단어의 뜻을 알려준 다음 어디서 어떻게 쓸지 생각해보는 기회를 주는 것이 좋다. 아이가 사전처럼 정확하게 단어 뜻을 말하는 것은 어렵지만 어떻게 쓰였는지 찾아보거나 생각해보기 때문이다. 생소한 단어라면 검색 기능을 활용해 같은 단어가 어떻게 쓰였는지 찾아봐도 좋다.

앞에 나온 '플랫폼'이라는 단어를 뉴스 검색어로 검색해보면 다양하게 '플랫폼'이라는 단어를 사용한 기사를 볼 수 있다. 단어를 알아간다는 것은 또 다른 지식을 알아가는 것과 같다.

하나의 단어를 알았을 때 어떻게 다르게 쓰이는지 찾아보는 과정을 통해 어휘를 알아가는 재미를 느낀다면, 아이의 어휘력은 한 뼘 수준에서 끝나는 것이 아니라 두 뼘 세 뼘 더 성장할 수 있다.

"○○가 무엇인지 한번 생각해볼까?"

어휘를 공부하는 기본 자세는 '넓게 공부해야 한다'는 것이다. 단어의 개념적인 의미는 물론 단어가 가진 다양한 쓰임새 또한 알아야 한다.

개념어는 추상적인 생각을 나타내는 말이다. 예를 들어 문학에서 화자, 시점, 어조, 정서 등을 개념어라고 한다. 국어책을 폈을 때 이러한 개념어가 많이 나오기 시작하는 시기는 초등학교 3~4학년 이후다. 그 이전에는 개념적이고 문법적인 내용이 거의 나오지 않는다. 상위언어 개념이 완성되기 이전이라 구체적 인지는 발달하지만 추상적 인지는 아직 발달하지 않았기 때문이다.

따라서 어휘의 개념을 표현할 수 있는 개념어가 나오면 그 뜻을 정확하게 짚어주어야 한다. 특히 이러한 개념어는 학습에 도움이 된다. 미리 공부해둘 필요는 없지만 교과서에 나오는 개념어는 정확하게 파악해야 중·고등학교에 가서도 어려움을 겪지 않는다.

- "이 단어 ○○에서 봤는데 뜻이 기억나니?" : 아이의 경험과 어휘를 연결하는 말
- "같은 말인데 뜻이 다른 단어도 있어." : 아이의 어휘적 지식을 확장하는 말
- "이 말은 또 언제 쓸까?" : 어휘의 다양한 쓰임새를 확인하는 말
- "○○가 무엇인지 한번 생각해볼까?" : 개념어를 설명하게 하는 말

"이거랑 비슷한말(반대말)은 뭐야?"

: 관련 어휘를 확장하는 말

엄마 : "여기 건물이 엄청 높다. '높다'의 반대말은 뭘까?"

아이 : "음, 잘 모르겠는데."

엄마 : "낮다."

아이가 '높다', '낮다'는 알지만 그것을 비슷한말, 반대말로 연결하지 못하는 경우가 있다. 아이는 어휘를 배우는 과정에서 단어 하나하나를 배우지 않는다. 하나의 단어를 중심으로 여러 단어를 한꺼번에 연결 짓고 범주화해 익히는 것이 어휘를 배울 때 가장 확실한 방법이다.

그런데 이런 단어는 처음 배울 때부터 쉽지는 않다. 사과, 딸기 같은 구체적인 물건과 그것을 연결하는 '사물의 이름'이 아니라 상대적인 개념이기 때문이다.

같은 높이의 블록인데 옆에 더 높은 것이 있으면 '낮다'가 되고 옆에 낮은 것이 있으면 '높다'가 된다. 분명히 방금 전에는 '높다'였는데 지금은 '낮다'가 되는 것이다. '높다-낮다' 같은 단어는 상대적 개념이기 때문에 이해하기 더 어렵다.

단어와 단어를 연결하는 방법에 비슷한말과 반대말이 있다. 비슷한말을 연결하는 것은 어휘 확장에 좋다. 반대말을 중심으로 어휘를 익히는 것은 뜻이나 개념을 명확하게 짝지을 수 있는 어휘를 학습하는 데 적합하다.

"높게, 낮게를 직접 해보자."

상대적 개념을 배울 때 가장 좋은 방법은 개념을 활용해 몸으로 표현해보는 것이다. 내용도 어렵고 개념도 어려운데 이것을 머리로만 이해하기는 쉽지 않다. 따라서 처음에 상대적이고 반대말이 명확한 개념 어휘를 배울 때는 직접 의미를 이미지화해보는 것이 가장 좋은 방법이다.

우리가 명사를 가장 빨리 배우고 기억하는 이유는, 예를 들어 '사과'라는 말을 들었을 때 떠오르는 이미지와 모양이 있기 때문이다. 그런데 '낮다'라고 할 때는 상대적으로 구체적이지 않기 때문에 어려운 것이다.

"우리 높게 한번 쌓아볼까? 높게, 높게."
"어떤 게 더 높아 보여? ○○가 쌓은 게 더 높네."

이렇게 구체적인 물건에 개념을 대입해 알려주는 것이 효과적이다. 아이가 실제로 해보면 빨리, 그리고 친숙하게 배우기 때문이다. 처음에는 개념을 질문하기보다 그냥 '높다'라는 단어를 먼저 들려주고 아이가 이해하면 다음 단계로 나아가자.

"어떤 게 더 높아?"

개념이 어느 정도 잡혔다고 판단되면 질문을 던져도 좋다. 그런데 아이는 '높다', '낮다'라고 하면 '높다'는 큰 개념을 먼저 받아들인다. 따라서 '낮다'라는 개념을 아는지 묻기보다 "어떤 게 더 높아?"라고 '높다'라는 개념을 먼저 물어보는 것이 좋다. 그런 다음 '낮다'라는 개념을 아는지 확인해본다. 다른 형용사적 개념도 비슷한 과정으로 접근하면 된다.

같은 높이라도 옆에 무엇이 있느냐에 따라 더 높기도 하고 더 낮기도 하다. 상대적 개념이라는 것이다. 따라서 '높다-낮다'의 개념을 충분히 파악한 후에는 어떤 것이 더 높은지 물어보고 아이가 그 개념을 정확하게 아는지 확인해보는 것도 좋은 방법이다.

"'○○'의 반대말은 뭘까?"

그렇게 짝지은 단어군을 충분히 노출한 뒤에 아이에게 '반대말'이라는 단어를 제시해야 한다. '높다-낮다'가 어떤 관계인지 물어본 뒤 '반대말'과 같이 새로운 개념을 연결하는 작업을 하려면 '반대말'이라는 개념도 충분히 이해해야 한다.

아이가 비슷한말을 찾는 것을 더 어려워한다는 점도 알아야 한다. '왜 반대말보다 비슷한말 찾기가 더 어렵지?'라고 생각한다면 엄마 스스로 '높다'의 비슷한말을 찾아내려고 할 때 빨리 떠오르지 않는다는 것을 알 수 있다.

그런데 반대말을 물어보기 시작할 때도 순서가 있다. 다음 순서를 따르면 가장 쉬운 단계부터 어려운 단계까지 반대말 어휘를 놀이처럼 배우게 할 수 있다.

(1) 그림 카드나 글자 카드에서 반대말을 고르게 한다.

보기가 없는 경우보다 힌트가 되는 다양한 단어 카드가 있는 경우 좀 더 쉬운 퀴즈가 된다. 처음에는 무조건 어렵게 하기보다 아이가 자신감을 가질 수 있도록 쉽게 조절한다.

(2) 아이에게 그림 카드나 글자 카드에서 단어 짝을 맞추게 한다.

반대말 짝짓기 놀이인데, 그림 카드나 글자 카드에서 단어의 짝, 두 장을 찾게 한다. 완벽하게 반대말 카드만 늘어놓고 하는 방법도 있고 '크다'와 함께 '작다', '적다'와 같은 비슷한 단어 카드를 놓아 조금 어렵게 만들기도 한다.

(3) 보기 없이 그냥 단어 퀴즈로 반대말을 알아맞히게 한다.

반대말 연습을 놀이로 충분히 즐겼다면 이제 그림 카드나 단어 카드가 없어도 된다. 아이에게 그냥 "'높다'의 반대말은?"이라고 물어보면 된다. 그리고 "엄마한테도 문제 내봐."라고 해도 좋다. 일부러 틀리는 엄마의 센스가 있다면 아이가 "'높다'의 반대말은 '낮다' 잖아."라고 말할 것이다.

"'○○'의 반대말을 넣어 문장을 만들어볼까?"

반대말이나 비슷한말을 표현할 때는 보통 수식어가 필요하다. 다른 단어와 연결해서 문장으로 만들 때 그 뜻이 좀 더 명확해지는 경우가 많다. 따라서 짧은 문장 만들기 놀이를 하면 반대말 어휘 놀이에서는 거의 마지막 단계까지 온 것이다.

(1) 마지막 단어를 반대말로 완성시키게 한다.

이 방법은 문장을 만들고 문장의 종결을 반대말로 완성시키는 것이다. 즉 "하늘은 높고 땅은?", "낮다.", "개울물은 얕고 바닷물은?", "깊다." 이처럼 다양한 형태의 문장을 통해 반대말의 짝을 만들 수 있다. 아이는 퀴즈를 맞히면서 반대말 개념을 습득할 수 있다.

(2) '높다-낮다'를 넣어서 문장을 만들어보게 한다.

반대말의 짝을 제시한 다음 아이에게 4어절 이상의 문장을 만들어보게 하는 방법이다. 처음에는 예시를 보여주고 이렇게 문장을 만들면 된다는 것을 알려준다. "낮은 밝고 밤은 어둡다. '밝다', '어둡다'를 가지고 너도 한번 만들어봐." 아이 스스로 재미있는 문장을 만들기도 하고, 엄마의 예시를 통해 반대말의 정확한 개념을 깨닫게 되기도 한다.

관련 어휘를 확장하는 말

- "높게, 낮게를 직접 해보자." : 어휘의 개념을 알려주는 말
- "어떤 게 더 높아?" : 아이가 정확한 개념을 아는지 확인하는 말
- "○○'의 반대말은 뭘까?" : 반대 개념을 확인하게 하는 말
- "○○'의 반대말을 넣어 문장을 만들어볼까?" : 문장을 통해 단어 뜻을 확인하게 하는 말

"엄마가 생각하는 걸 맞혀볼래?"

: 게임으로 어휘를 늘려가는 말

단어 퀴즈는 어휘력을 키울 수 있는 가장 좋은 방법 중 하나라는 것은 이미 앞에서 밝혔다. 이 놀이는 어휘력을 키우는 초기 단계, 즉 5~6세만 돼도 충분히 할 수 있는 언어 놀이다.

그런데 어휘 심화 단계에서 고급 어휘로 확장해가는 아이는 새로운 방식의 어휘 게임을 할 수 있다. 대표적인 놀이가 스무고개와 장벽 게임이다.

스무고개는 호기심을 느끼는 아이에게 지속적인 관심을 끌게 할 수 있는 놀이다. 생각하고 있는 단어의 특징을 하나둘 떠올리면서 점점 단어를 추론하는 형태다. 장벽 게임은 안에 숨겨져 있는 것이 무엇인지 설명만 듣고 알아맞힌다는 면에서 아이의 호기심만 유지 된다면 훌륭한 놀이가 될 수 있다.

스무고개나 장벽 게임을 지속하려면 무엇보다 아이가 재미있어 야 한다. 아이에게 너무 어렵거나 관심이 없는 주제라면 집중하지 못한다. 열 가지 이상을 질문해도 답을 궁금해하고 무엇인지 맞히 려고 노력하게 만들려면 아이의 호기심을 끌 만한 단어나 물건이어 야 한다.

따라서 처음에는 아이가 좋아하고 관심을 가질 만한 사물로 시 작한다. 아이가 설명하기도 좋고 알아맞히고 싶어 하는 것이기 때 문이다. 그런 다음 일반적인 사물로 서서히 범위를 넓혀간다. 이때 아이는 재미가 없으면 하지 않으려고 한다는 것을 기억해야 한다.

"엄마가 생각하고 있는 거 맞혀볼래?"

아이를 이러한 어휘 게임으로 끌어당기려면 '한번 해볼까?' 하는 의욕이 들게 해야 한다. 따라서 아이가 도전하고 싶게 만들고 관심 을 가질 만한 질문을 던져야 한다. 질문을 던진 후에는 아이의 반응 을 살핀다.

처음에는 엄마가 물건을 가리고 설명하면서 아이가 맞히게 하는 것이 좋다.

"이건 모양이 동그란 거야. 동그란 모양이 두 개 붙어 있어."

"이건 하얀색이야."

"모자도 쓰고 있어."

"따뜻한 곳에 가면 녹아."

처음에는 전혀 감을 못 잡던 아이가 점점 정답을 찾아갈 수 있도록 단서를 던진다. 엄마가 하는 설명을 듣고 처음에는 전혀 다른 답을 말하다가 "눈사람"이라고 답을 맞히게 하는 것이다. 엄마는 최대한 쉽고 간결하게 특징을 이야기해야 한다. 아이가 답을 맞히게 하는 것이 이 놀이의 목표다.

"이제 네가 엄마한테 문제 내볼래?"

엄마가 하는 것을 충분히 본 아이는 어휘 게임에서 자신이 문제를 내는 기회를 얻을 때 더 재미를 느낀다. 그리고 어떻게 설명할지 계속 고민한다. 엄마가 설명하는 내용을 충분히 들은 상태에서 아이가 "내가 해볼래." 하고 욕심을 내면 해보게 하는 것이 좋다. 그렇지만 아이의 설명은 세련되지 않다.

아이 : "엄마, 이건 차가워."

엄마 : "얼음이야?"

아이 : "따뜻해지면 녹아."

엄마 : "음, 얼음은 아니랬지?"

아이 : "하얀색이야."

엄마 : "솜사탕?"

답을 알더라도 아이가 더 잘 설명하고 열심히 표현할 수 있도록 엄마가 어느 정도 틀려주는 센스도 필요하다.

"문제 내고 싶은 것을 한번 골라볼래?"

엄마가 알아맞히는 상황이라면 아이가 그 물건을 안 보이게 손에 들고 있게 하는 것이 좋다. 왜냐하면 아이들은 상대가 답을 맞히지 못하게 하는 것이 목표이기 때문에 엄마가 정답과 근접한 질문을 하기 시작하면 은근슬쩍 다른 물건으로 말을 돌릴 수 있기 때문이다.

아이는 자신이 특징을 잘 설명할 수 있을 만한 물건을 선택할 가능성이 크다. 처음 시도할 때는 아이가 좋아하고 잘 설명할 수 있는 것으로 고르게 하는 것도 좋은 방법이다.

엄마 : "여기 있는 것 중에서 네가 할 수 있는 것을 골라봐."

아이 : "나 이거 할 수 있을 것 같아. 엄마 눈 감아."

아이가 여러 물건 중에서 하나를 고르고 안 보이게 가리게 한 다음 엄마가 질문을 시작한다.

아이 : "이제 엄마가 질문해도 돼. 준비됐어."

엄마 : "동그란 모양이니?"

나중에 엄마가 맞힌 답과 숨겨둔 물건이 같은지 확인하고 아이가 혹시 답을 못 맞히게 하려고 물건의 특징을 다르게 말하지 않았는지 살펴보는 것이 좋다.

"여기서 꺼낸 걸로 엄마가 맞혀볼까?"

아이가 자신감을 가지고 설명할 수 있다면 이제는 임의의 물건을 고르게 해서 설명하게 한다. 임의로 물건을 고르게 하려면 여러 가지 물건을 상자에 넣고 아이가 보지 않고 손으로 골라내도록 하는 것이 좋다.

보자기를 덮은 상자나 주머니에서 보지 않고 촉감만으로 물건을 골라내게 하고, 그 물건을 살펴볼 수 있는 시간을 충분히 주도록 한다. 그 사물이 아이가 잘 아는 것일 수도 있고 아닐 수도 있기 때문에 충분히 탐색하는 시간이 필요하다.

엄마 : "'준비됐어'라고 말해줘. 그러면 엄마가 물어볼게."

아이 : "준비됐어."

아이가 충분히 생각하고 탐색할 시간을 준 다음 질문을 시작한다.

질문은 엄마가 하고 아이가 대답하는 것이다.

> 엄마 : "움직이는 거니?"
>
> 아이 : "아니."
>
> 엄마 : "먹을 수 있는 거니?"
>
> 아이 : "응."

때로는 엉뚱한 질문이 아이를 더 재미있게 한다. 절대 너무 진지하지 않게, 학습이 아닌 재미있는 게임이 될 수 있도록 유도한다.

게임으로 어휘를 늘려가는 말

- "엄마가 생각하고 있는 거 맞혀볼래?" : 아이를 어휘 게임으로 유도하는 말
- "이제 네가 엄마한테 문제 내볼래?" : 아이가 어휘 게임을 시도하게 하는 말
- "문제 내고 싶은 것을 한번 골라볼래?" : 아이가 문제를 내도록 하는 말
- "여기서 꺼낸 걸로 엄마가 맞혀볼까?" : 아이에게 설명을 유도하는 말

단어나 문장은 잘 읽는데
내용을 이해하지 못하는 아이, 어떡해야 할까요?

아이의 책 읽기에 대해 막연한 걱정과 두려움이 있는 엄마는 아이의 읽기를 끊임없이 확인하게 된다. 책 한 권과 그것을 읽는 아이 사이에서 많은 것을 테스트하고 있는지도 모른다. 책을 소리 내어 읽는 것은 매우 중요하고 장점이 많지만 아이가 잘 읽는지, 정확하게 읽는지, 맞춤법은 맞게 읽는지, 띄어 읽기는 잘하는지만 살피기 때문에 문제가 있다. 한 줄이라도 건너뛰어 읽으면 불안하고, 속도가 느려도 읽기에 문제가 있는 것은 아닌지 걱정이 된다.

여러 번 강조했지만 한글을 읽는다고 해서 책을 읽을 줄 아는 것은 아니다. 그리고 글을 읽을 줄 안다고 해서 책 내용을 다 이해하는 것도 아니다. 엄마가 책을 읽는 아이의 수준을 파악하는 것이 가장 중요한데, 그것이 제대로 되어 있지 않으면 이제 막 이유식을 먹기 시작하는 아이에게 어른 밥숟가락으로 밥을 퍼주는 것과 같은 일이 일어난다.

우선 아이의 읽기 수준이 어느 정도인지부터 파악해보자. 아이를 관찰하고 테스트하는 것보다 더 필요한 것은 아이와의 대화다. 아이가 글을 읽는 것이 어려울 수 있고, 읽을 수는 있는데 내용을 기억하는 것이 쉽지 않을 수도 있다.

아울러 꼭 다시 확인해야 하는 것이 엄마의 태도다. 아이가 이제 간신히 한글을 읽는 수준인데 긴 문장을 이해하라고 요구하고 있지는 않은지, 글 읽기가 서툴러서 거기에만 집중하기도 버거운데 글 내용까지 파악하라고 하지 않는지, 아이의 흥미와 적성보다 엄마 기준으로 책을 강요하고 있지 않은지 다시 한번 되짚어봐야 한다.

아이를 있는 그대로 바라보고 정확하게 진단한 후에는 아이의 독서를 방해하는 것이 무엇인지 생각해본다. 아이가 글을 이해하지 못한다면 그 이유가 무엇인지 말이다. 책에 대한 이해도가 천차만별인 것처럼 이유도 아이마다 다르다. 그 이유가 명확해야 어휘가 부족한 건지, 배경지식이 부족한 건지, 아니면 읽기부터 다시 시작해야 하는 건지 아이의 독서 방향을 바로잡을 수 있다.

만약 아이가 읽기는 잘하는데 글을 이해하지 못한다고 여겨지면 다음 세 가지에서 이유를 찾을 수 있다.

첫째, 어휘력이 문제다. 읽을 수는 있는데 뜻을 이해하지 못하는 경우다. 책이나 글을 읽을 때 모르는 단어가 전체의 20퍼센트 미만이어야 미루어 짐작해서라도 전체적인 뜻을 이해할 수 있다. 만약 모르는 단어가 그 이상이면 읽을 수는 있지만 내용을 이해하기는 어렵다.

둘째, 배경지식이 없는 경우다. 단어 뜻을 알고 배경지식도 연결돼야 진정한 이해가 가능한데 배경지식이 없으니 글의 뜻을 제대로 파악할 수 없다. 사회, 역사적인 배경지식이 없으면 해당 배경의 글을 제대로 이해하기 어렵다. 짧은 글이나 동화에서는 배경지식이 크게 중요하지 않지만 고급 독서로 나아가는 3~4학년 때 배경지식이 없으면 글을 이해하기가 점점 어려워진다.

셋째, 글이 너무 어려운 경우다. 책 선정 기준은 내 아이여야 한다. 내 아이가 읽을 책을 다른 아이를 기준으로, 혹은 외부 잣대로, 필독서라는 이유로 선택하면 아이가 그 책을 읽다가 체할 수도 있다. 따라서 아이 수준보다 너무 어려운 책을 건네준 것은 아닌지 다시 한번 생각해봐야 한다.

아이가 읽기에 관심을 가지려면 읽고 나서 직접 다른 사람에게 내용을 이야기할 수 있는 수준의 책이 필요하다. 그 정도 수준이어야 충분히 읽고 이해할 수 있다. 모든 책의 선정 기준은 내 아이여야 한다는 점, 그리고 아이의 이해를 돕기 위해 무엇부터 챙겨야 할지 고민할 때도 내 아이가 기준이라는 점을 잊지 말자.

Step 3. 어휘 심화 단계

"이 단어로 문장을 만들어볼까?"

: 어휘에서 문장으로 확장하는 말

단어를 정확하게 안다는 것은 그 단어를 정확하게 사용한다는 것이다. 아이에게 어휘 공부를 시킨다고 '영어 단어-한글 단어'를 외우면서 단어를 접하게 하는 일은 되도록 피해야 한다. 단어를 외우는 것은 어휘를 제대로 알게 되는 것을 피해가는 길이라고 해도 과언이 아니다. 단어 뜻을 사전처럼 명확하게 말하지 못하더라도 단어를 적절하게 사용하고 쓸 줄 아는 것으로 충분하다. 이것은 아이가 사용하는 말이나 글에서 좀 더 명확하게 드러난다.

단어를 배워가는 과정이 즐거워야 한다. 아이가 모르는 단어를 물었을 때 "이것도 몰라?", "이 정도는 할 수 있잖아." 같은 말은 아이의 자존감을 떨어뜨린다. 아이가 "이게 뭐야?"라고 물어보는 것은 엄마에게 가장 좋은 기회다. 어떤 아이도 자신이 모르는 단어나 모르는 표현을 드러내는 것이 쉽지 않고 클수록 모르는 것을 더 드러내지 않게 된다. 따라서 아이가 모르는 단어를 물어보는 것을 좋은 기회로 여겨야 한다.

여기서 더 나아가 말하는 것과 글로 쓰는 것은 다르다는 점을 기억해야 한다. 이왕이면 몰랐던 단어를 사용해 글을 써보는 것이 큰 도움이 된다. 간단한 한 문장 안에 그 단어를 적절하게 넣어 써보는 연습은 단어를 자기 것으로 만드는 좋은 방법이다.

"여기 있는 ○○는 무슨 뜻일까?"

아이가 모르는 단어에 대해 함께 이야기해보고 그 뜻을 유추해보면서 단어의 정확한 뜻을 알게 한다. 엄마가 단어 뜻을 알려주기보다 아이가 그 단어를 본 문장에서 뜻을 유추해보게 한다. 한글을 처음 배울 때 이 책에 있는 '사자'를 저 책에서도 찾고, 다른 책에서 '사슴'을 보고 "사자의 '사'와 같아."라고 말하는 것처럼 아이에게 단어 찾기와 해석은 즐거운 놀이 같아야 한다.

"여기 있는 '기적'이 무슨 뜻인 거 같아?"라는 질문은 생각할 거리를 던진다. 뜻을 생각해보려면 앞뒤 문맥을 살펴봐야 한다. 영어 번역을 할 때 모르는 단어가 나오면 앞뒤 문맥을 생각해서 대충 뜻을 해석할 때가 있는데 아이가 글을 읽을 때도 비슷하다. 10~20퍼센트의 단어를 모른다고 해서 전체 글이 해석되지 않는 것은 아니기 때문에 뜻을 유추해볼 기회를 주는 것은 매우 중요하다.

> "네가 생각한 것은 그런 뜻이구나. 한번 찾아볼까? 엄마가 생각하는 것도 네가 생각한 거랑 아주 비슷해."
> "아, 그렇게 생각했구나. 그런데 그 뜻이 맞는지 한번 찾아볼까?"

맞는 답이든 틀린 답이든 아이가 유추해봤다는 사실을 칭찬해준다. 그런 다음 정확한 뜻을 이야기해보거나 찾아보게 하고, 유추한 뜻과 맞는지 확인해본다.

"○○을 넣어서 문장을 만들어볼까?"

단어의 뜻을 정확하게 알았다면 그 단어를 넣어 문장을 만들 수 있다. 초등학생의 언어치료 과정에서도 어휘 학습 뒤에는 반드시 짧은 글짓기를 해서 아이가 그 단어를 정확하게 아는지 확인한다. 아이가 모르는 단어라고 할지라도 단어 뜻을 어느 정도 파악하면 문장 만들기를 시도해보는 것이 좋다.

> "저번에 '기적', 이 단어 봤잖아. '기적'을 넣어서 문장을 만들어볼까?"

아이에게는 불확실하게 인식했던 그 단어를 다시 생각해보는 기회가 되고, 엄마에게는 아이가 정확하게 그 뜻을 알고 있는지 확인하는 방법이 될 수 있다. 짧은 글짓기를 할 때 아이가 재미있어하거나 쉬운 단어를 한두 개쯤 넣어주거나 아이가 원하는 단어로 문장을 만들어보라고 권하는 것도 필요하다. 아이가 쓰기를 좋아하지 않는다면 충분한 칭찬과 격려를 통해 조금이라도 써보게 하자.

아이가 뜻을 사전에 나온 것처럼 외우지 못하더라도 정확하게 알고 있다면, 짧은 글에 적절하게 그 단어를 넣어 문장을 만드는 것은 어렵지 않다. 어려운 문장이거나 현학적인 글일 필요는 없다. 아주 단순한 문장이라도 충분하다.

기적 : "내가 이번 시험에 100점을 맞다니, 이건 정말 기적이었다."

아이가 바로 문장을 쓰지 못하더라도 충분히 기다리고 격려해준다. 그리고 비슷하게라도 연결할 수 있다면 칭찬해주고 정확한 문장을 엄마가 모델링해주면 된다.

"○○보다 더 나은 말은 없을까?"

아이가 다른 단어를 생각해보는 것은 어휘의 확장 면에서 아이에게도 새로운 작업이다. 아이가 읽은 문장이나 글에서 어렵거나 새로운 단어가 나왔다면 그 단어를 다른 단어로 바꿔볼 것을 제안해본다. 혹은 아이가 만든 문장이나 표현이 어색하거나 좀 더 좋은 생각이 떠올랐다면 여기에 넣을 수 있는 더 좋은 단어가 없을지 생각해보게 한다. 반대말, 비슷한말을 찾는 것이 어휘를 확장하는 좋은 방법인 것처럼, 좀 더 적합한 단어를 생각해내는 것은 어휘력을 키워나가는 좋은 방법이다.

"와, 이 문장 좋은데! 이 단어를 다른 단어로 바꿔보면 어떨까?"

다른 단어를 찾기 어려워하면 여기서도 가장 우선시해야 할 것은 엄마의 모델링이다.

"엄마가 생각할 때는 이 단어가 괜찮은데, 어때?", "이건 어때?" 하면서 아이에게 여러 단어에 대한 선택권을 주고 고르게 해도 좋다. 좀 익숙해지면 아이 스스로 단어를 찾아보게 한다. 이 과정이 반복되면 "엄마, 여기에 이 단어 넣으면 더 좋겠다."라고 아이 스스로 말하게 될 수도 있다. 스스로 적합한 단어를 찾는 힘이야말로 진정한 어휘력의 출발점이다.

"○○로 짧은 글을 써볼까?"

짧은 한 문장이 아니라 특정 단어를 포함한 글, 혹은 그 단어의 느낌을 잘 살리는 글을 쓰는 것도 아이에게 새로운 도전이다. 여기서 글은 긴 글이 아닌 몇 줄짜리 글이어도 상관없다. 단지 그 단어의 맛과 느낌을 살리도록 이끌어주면 된다.

"'기적'이라는 단어를 넣어서 글을 써볼까?"

"기적이라는 느낌이 들게 하는 글을 써볼까?"

'기적'이라는 단어를 주제로 하는 글을 쓸 때 두 가지 아이디어로 접근할 수 있다. '기적'이라는 단어를 사용할 것인지, 아니면 읽고 나서 '이것이 기적'이라는 느낌이 들게 할 것인지다. '기적'이라는 단어를 넣는 글이라면 아주 짧아도 되고, 기적이라는 느낌이 들게 하려면 조금 더 긴 글이어야 한다. 이 단어를 잘 알고 있다면 그 뜻을 잘 살려서 글을 쓸 수 있다. 아이가 '별로 어렵지 않네'라는 느낌을 갖게 하는 것이 중요하다.

어휘에서 문장으로 확장하는 말

- "여기 있는 ○○는 무슨 뜻일까?" : 단어 뜻을 추측해보게 하는 말
- "○○을 넣어 문장을 만들어볼까?" : 단어 뜻을 아는지 확인하는 말
- "○○보다 더 나은 말은 없을까?" : 다른 단어로 바꿔보게 하는 말
- "○○로 짧은 글을 써볼까?" : 단어를 사용해 짧은 글을 쓰게 하는 말

"○○를 다른 말로 연결해볼까?"

: 어휘 마인드맵을 활용하는 말

"엄마, 이번 글쓰기 주제가 환경인데 뭘 어떻게 써야 할지 모르겠어."

아이에게 주제나 소재가 정해진 글쓰기는 '아무거나', '생각나는 대로' 써보라는 것보다 훨씬 어려운 과제다. 특히 주제가 정해져 있을 때 아이들은 어디에서 어떻게 시작해야 할지, 그리고 어떤 내용을 어떻게 정리해야 할지 막막할 수밖에 없다. 평소 아이의 관심 분야나 자신 있어 하는 주제가 아닌 경우에는 더욱 어렵게 느낀다.

흔히 사용하는 방법은 바로 개요다. 우리가 중·고등학교 시절 설명문이나 논설문을 쓸 때 해보았던 '처음-가운데-끝', '서론-본론-

결론'으로 구분해서 쓸 내용을 우선적으로 정리하는 것이다. 이렇게 정리가 가능하다면 아이가 평소에 관심이 있는 주제를 말이나 글로 풀어나갈 수 있을 정도의 자신감이 있다는 뜻이다.

만약 아이가 어떤 생각도 제대로 정리하기 어려워하면 어떻게 도와주는 것이 좋을까. 첫 시작은 아이가 아이디어를 생각하고 연상할 수 있도록 해주는 것이 가장 적절하다.

어떤 주제나 소재에 대해서 생각해낼 수 있는 방법이 바로 '마인드맵'이다. 마인드맵을 잘 사용하면 글의 흐름에 도움이 되는 좋은 아이디어를 빨리 생각해낼 수 있다. 여러 상황에서 생각을 정리할 수 있고, 정리된 내용을 바탕으로 다음 이야기를 전개하는 데 도움이 된다. 중심에 들어갈 단어나 주제에 새로운 어휘나 이야기가 연결되는 형태이기 때문이다.

마인드맵은 키워드나 핵심 문장을 찾아내는 작업이기도 하지만 키워드를 중심으로 생각을 정리하고 범주화할 수 있다는 점에서 중요하다. 키워드를 뽑았으면 그 키워드를 중심으로 해당 키워드와 관련된 내용을 찾아 주 가지(첫 번째) 밑의 부 가지(두 번째)에 쓰면 된다. 내용이 단순할 경우에는 '주 가지-부 가지' 정도로 정리할 수 있지만 내용이 복잡하고 할 이야기가 많은 경우에는 부 가지에 또 다른 세부 가지를 만들어 여러 단계로 된 마인드맵을 만들 수 있다.

마인드맵 가지 위에 적는 내용은 어떻게 만들면 좋을까? 아이디어의 발상을 위해서는 가지에 하나의 단어만 쓰는 형태를 주로 사용하는데, 의미가 고정되지 않아서 더 자유로운 연상을 유도할 수 있다. 자신의 생각을 한두 단어로 쓰는 것을 어려워하거나 힘들어하는 경우도 많다. 한두 단어가 어렵다면 몇 개의 단어로 된 문구 또는 아예 문장으로 적어도 좋다. 간단하게 적는 것도 좋지만, 그보다 더 중요한 것이 내용을 아이디어로 만들어나가는 것이기 때문이다. 이렇듯 문어발처럼 생각나는 대로 단어나 문장 등 여러 이야기를 연결해본 다음 가장 어울릴 만한 것들을 골라내면 된다. 한 단어를 다른 단어나 다른 문장으로 연결하는 능력, 예를 들어 '환경오염'이라는 단어를 떠올렸을 때, 환경과 오염의 뜻과 이와 관련해 기사나 신문에서 보거나 수업 시간에 들었던 내용을 연계하는 것이 바로 어휘력과 정보이다.

어휘력은 단어에만 그치는 것이 아니라 상황이나 문장까지 연결되는 개념이다. 나아가 완성도 있는 문장을 만들 수 있는 능력이다. 마인드맵에 들어가는 글을 꼭 단어만으로 국한하지 않아도 된다. 이를 통해 단어나 문장, 혹은 지식이나 생각을 확장하는 데 도움이 될 것이다.

"무엇을 생각해야 하니?"

마인드맵의 가장 중심에 들어갈 내용을 무엇으로 할지가 가장 중요하다. 생각을 정리해내는 내용, 즉 말이나 글을 관통하는 주제이기 때문이다. 가장 중심(동그라미)에 들어가는 내용을 잘 정해야 이후의 내용과 흐름을 확장하는 데 어려움이 없고 이후에 수정할 필요도 없다.

예를 들어 환경오염을 주제로 글을 쓴다면, 아이가 환경오염이라는 주제에 대해서 얼마나 막연하게 느낄지 상상할 수 있다. 환경오염에서 가장 자신 있게 표현할 수 있는 물 오염, 땅 오염, 공기 오염 등 특정 주제로 좁혀가며 정리하도록 아이에게 이야기해준다.

아이 : "엄마, 환경오염은 주제가 너무 커서 정리하기 어려워."

엄마 : "환경오염에서 주제를 조금 좁혀보면 어떨까? 어떤 것이 가장 자신 있어?"

아이 : "음… 그래도 제일 많이 보는 건 물 오염."

엄마 : "물 오염도 좋을 것 같아. 그러면 어떻게 생각을 정리하면 좋을지 이야기해보자."

이렇게 아이의 생각을 정리해주고 주제를 정하는 데 도움을 준다면 아이가 자신감을 가지고 다음 과정을 진행할 수 있다. 아이가 스스로 정한 주제가 물 오염이라고 하면, 광범위한 주제인 환경오염보다 좀 더 자세하고 구체적인 내용을 생각하는 데 도움이 될 것이다.

"단어가 좋아, 문장이 좋아?"

아이에게 마인드맵을 확장할 때 어떤 형태로 정리하는 것이 좋은지 확인하는 것이 필요하다. 어떤 아이는 단어로 쓰는 것을 좋아하고, 어떤 아이는 문장으로 쓰는 것을 더 편해한다.

엄마가 생각했을 때 적당한 방식을 권할 수도 있지만 아이가 선택하도록 하는 것이 더 좋다. 아이디어를 만들어내는 과정이니 어떻게 해도 좋다. 단, 마인드맵을 연결하는 기준이 명확하고 앞뒤로 자연스럽게 이어지면 된다.

"그러면 환경오염 중에서 물 오염으로 하고, 단어로 해볼게."

물 오염을 중심으로 마인드맵을 확장하면 강, 바다, 산 같은 위치를 확장할 수도 있고, 기름, 폐수 같은 원인으로 연결할 수 있다. 다른 가지로는 해결 방안을 모아나갈 수도 있다. 이렇게 여러 가지로 확장하다 보면 어떤 형태로 글을 모을지 분명하게 보인다.

"어떻게 정리하면 좋을까?"

이렇게 마인드맵으로 내용을 확장할 때 원인, 대상, 결과 등 일목요연한 기준이 처음부터 명확하게 나타나는 경우도 있지만, 대부분의 경우는 그렇지 않다.

마인드맵은 한눈에 모든 것이 보이기 때문에 하나의 가지에서 연결되는 형태를 구성하는 것도 중요하다. 그것들을 연결했을 때 문장이 되고 나아가 글이 될 수 있는 좋은 아이디어로 사용할 수 있기 때문이다.

여기서 잠깐! 그런데 실제적으로 마인드맵 속 어휘들이 하나의 통일성 있는 생각이나 글로 연결되기 위해서는 부 가지 중에 어떤 것을 쓰고 어떤 것을 버릴 것인지 선별하는 작업이 필요하다.

아이가 처음 마인드맵을 만들 때는 주제에 맞는 내용으로만 연결하기가 쉽지 않다. 따라서 처음에는 마인드맵의 가지를 생각나는 대로 자연스럽게 연결하게 하고, 나중에 그중에서 필요한 것만 선택하게 하는 것이 좋다. 오른쪽에 있는 그림을 보자.

마인드맵 (1)은 기준 없이 의식의 흐름에 가깝게 나열한 방법이다. 첫 번째에서 두 번째 가지로 연결하면서 물 오염과 관련된 자신의 생각을 늘려가고 확장해간 것은 좋지만 가지 사이에 일관적인 부분이 없다. 하지만 아이가 잘못한 것은 절대 아니다. 일단 마인드맵을 늘려간 후 필요한 부분에만 동그라미를 치면서 정리하면 되기 때문이다. 동그라미 친 부분을 중심으로 생각을 연결한다면 아이는 자신감을 가지고 글을 쓸 수 있다. 아이가 이렇게 마인드맵을 만들었다면 "필요한 부분만 동그라미 쳐볼까?"와 같이 유도하면 된다.

마인드맵 (2)는 일정한 기준이 있다. 산, 강, 바다 같은 위치적인 부분이 있다. 그리고 태안 바다 오염을 떠올렸는데 이 부분을 이야기의 앞부분에 정리하면 자연스럽게 글이 연결될 수 있다. 해결 방안

[마인드맵 (1)]

[마인드맵 (2)]

등 구체화되지 않은 부분을 보완할 수 있도록 유도해주면 된다. "해결 방안에 대한 부분만 조금 더 보완하면 좋을 것 같은데, 가지를 한번 만들어볼까?"와 같은 말이 도움이 된다. 부족한 부분은 엄마가 옆에서 "이러이러한 내용을 써주면 어때?"와 같이 이야기하면서 함께 채우면 된다.

아이가 마인드맵을 중심으로 생각을 정리하고 관련된 새로운 어휘를 연결해내는 것은 하나의 주제나 어휘를 중심으로 다른 생각이나 어휘를 확장하는데 크게 도움이 된다. 그리고 아이만의 어휘와 경험이 녹아나는 마인드맵을 통해 주제가 풍성해질 것이다.

"이 부분을 자세히 이야기해줄 수 있어?"

좀 더 풍성한 이야기를 만들어내고 싶다면, 가지를 선택해 이렇게 생각한 이유를 물어보아도 좋다. 아이가 그 질문에 대답을 할 수 있다면, 충분히 생각하고 마인드맵을 채운 것이다. 심지어 아이가 먼저 신나게 말할 확률도 있다.

마인드맵 (1)에서 물 오염과 물 부족 국가에 대한 연결이 궁금하거나 생각을 좀 더 구체화해주고 싶다면 "물 부족 국가에 대한 이야기는 어떤 이야기야?", "물 오염과 물 부족은 어떤 관련이 있을까?"와 같은 질문을 해본다. 아이가 대답하는 과정에서 스스로 생각을 정리할 수 있다. 만약 아이가 "잘 모르겠어요."라고 하거나 대답을 대충하려는 것 같으면 엄마가 생각을 조금 더 구체적으로 이끌어주는 말을 해도 좋다. 마인드맵 활동이 아이의 생각을 정리하고 확장할 수 있는 좋은 장치라는 점을 반드시 기억하자.

어휘 마인드맵을 활용하는 말

- "무엇을 생각해야 하니? " : 마인드맵의 중심을 생각하게 하는 말
- "단어가 좋아, 문장이 좋아?" : 아이가 편한 형태로 마인드맵을 확장하게 하는 말
- "어떻게 정리하면 좋을까?" : 마인드맵을 필요한 정보로 정리하도록 돕는 말
- "이 부분을 자세히 이야기해줄 수 있어?" : 자세한 설명을 유도하는 말

"네가 좋아하는 ○○라는 말 알아?"

: 전문 어휘를 찾게 하는 말

처음 아이에게 말을 걸 때를 떠올려보자. 세상을 향해 막 눈을 깜빡이며 발길질을 시작한 아이와 눈을 맞추고 최대한 사랑스러운 눈빛과 말투로 이런저런 이야기를 한다. 내 말을 이해한 건지 아이의 반응을 살피며 아이를 칭찬하고 격려하기도 한다. 아이에게 감정을 최대로 몰입하고, 아이의 관심에 따라 내 시선도, 내 언어 자극도 움직이게 된다.

그런데 많은 엄마들이 아이가 조금 더 자라 무엇인가를 배우는 단계가 되면 '여기부터는 아이가 모를 거야', '이건 아이가 어려워할 것 같은데' 하고 미리 한계를 짓는 경우가 많다. '이제 초등학교 1학년인데 이런 건 어렵지', '초등학교 3학년인데 이건 너무 쉽지'라고 생각하는 것이다. 그래서 아이가 시도조차 할 기회를 주지 않는 경우도 종종 있다. 그렇다고 해서 아이의 문해력을 위해서 무조건 어려운 것을 하게 하거나 아이 수준보다 높은 것을 하게 하라는 것은 아니다. 아이에게 기회를 주라는 것이다.

말이 늦어서 네 살 때 언어치료실에 왔던 한 아이는 알아듣는 단어에 비해 표현하는 단어가 턱없이 부족했다. 거의 '엉엉엉 으으으' 수준으로 표현하니 무슨 말인지 알아들을 수가 없어 가족들이 답답해했다. 그런데 엄마와 함께 수업을 하던 중 내 손에 있던 빨간색 오리를 보고 아이가 손가락을 가리키며 한마디 뱉었다. "레이, 레이.", "어머니, 아이가 레이라고 한 것 같아요." 아이 엄마는 난처해하며 말했다. "아, 선생님 레드예요….."

엄마의 말은 이랬다. 아이가 어린이집에서 방과 후 영어를 배우는데 영어를 꽤 좋아한다는 것이다. 그래서 우리말은 안 되는 아이가 영어로 이런저런 단어를 가끔 내뱉는다는 것이다.

"그런데 선생님, 이건 말이 안 되는 거 아닌가요? 저도 영어로 말하지 말라고 여러 번 말했는데 아이가 레드, 옐로, 그린, 이러는데 뜻에 맞게 말하더라고요. 어떡해야 하나요?"

나는 아이가 의미 있게 단어를 뱉는다는 점에 주목했다. 그냥 의미 없이 영어를 하는 것이었으면 주목하지 않았을 텐데, 아이가 뜻에 맞게 말하고 있다는 것이니 말이다.

"어머니, 아이가 '레드' 하면 '빨간색이네. 빨간색 오리' 이렇게 꼭 우리말을 붙여서 알려주세요."

아이는 그렇게 다섯 살이 됐고 말이 두 어절, 세 어절씩 늘어갈 때쯤 이번에는 대기실에서 아이가 두 개의 돌을 들고 원을 그리면서 노는 모습을 봤다. 내가 신기한 표정으로 아이 한 번, 엄마 한 번 쳐다보자 엄마가 쑥스러워하면서 "아, 행성이에요, 선생님!" 하는 것이었다.

아직 집 안에 있는 물건 이름이나 동사도 잘 모르는 아이가 수성, 금성 이런 것에 관심을 보이고 집에서는 매번 공이며 장난감을 놓고 행성 놀이를 한다는 것이다. 때로는 영어도 섞어가며, 또 때로는 비슷한 색깔의 공을 가져다 놓고 제법 그럴 듯하게 공전과 자전을 설명하고 행성들이 도는 흉내를 낸다는 것이다.

"와! 어머니, 정말 대단한데요."

아이 엄마는 멋쩍어했지만 나는 일단 아이와 엄마를 칭찬했다. 내가 주목했던 방법은 아이가 좋아하는 행성을 이용해 문장과 어휘를 확장하는 것이었다. "수성과 금성은 가까워요.", "달은 지구를 돌아요.", "태양은 뜨거워요." 등등.

그리고 행성에 관련된 책을 사주라고 했다. 다섯 살짜리가 볼만한 행성 책은 뻔했다. 더 이상 사줄 것이 없다는 엄마의 말에 나는 '그림만 커도 좋다, 영어로 된 책이어도 좋다, 어려운 책도 괜찮다'며 아이가 좋아할 만한 것이면 수준을 한계 짓지 말라고 했다. 시간이 꽤 흐른 뒤에 엄마가 들고 온 것은 행성을 주제로 한 외서였다. 영어로 씌어 있었지만 그림이 정말 컸고, 얼마나 아름다운지 행성에 관심이 없는 내가 봐도 눈이 부셨다.

아이는 그것을 통해 문장을 확장해나갈 수 있었다. 아무리 문장을 늘리려고 해도 힘들었던 아이가 행성 책을 통해서는 자연스럽게 문장을 늘려나갔다. 자신이 관심 있는 분야이니 영어로 된 두꺼운 책이라도 별문제가 되지 않았다. 여섯 살이 되면서 아이는 자신의 언어 능력을 또래 수준으로 완전히 따라잡았다.

이 아이만의 경우는 아니다. 아이가 좋아하는 주제나 내용이라면 아이의 수준을 규정짓지 말아야 한다. 단지 아이가 좋아하는 것을 잘 찾아내는 것이 엄마의 숙제다. 관심 있는 주제라면 아이는 엄마가 생각하는 것 이상의 수준을 소화해낼 수 있다.

"뭐가 제일 좋아? 요즘 뭐에 관심 있니?"

아이의 관심사가 무엇인지 찾는 것부터 시작이다. 아이가 무엇을 좋아하는지, 어떤 것에 관심 있는지를 찾아내는 것은 엄마의 눈이다. 그런데 '좋아하는 것'은 두루뭉술한 것이 아니라 특정 분야로 범위를 좁히면 좁힐수록 좋다. 아이가 공룡에 관심이 있는지, 별자리에 관심이 있는지, 마술에 관심이 있는지 찾아낸다.

공부나 학습적인 분야가 아니어도 좋다. 아주 의외의 분야라도 상관없다. '왜 이런 것에 관심 있는 거지?'라고 생각해도 좋다. 그 안에서 언어적·어휘적 관심을 갖도록 유도하는 것으로 충분하다.

공룡을 좋아하는 아이라면 공룡 이름부터 말하게 유도한다. 다른 발음은 어려운 아이도 공룡 이름만큼은 야무지게 발음한다. '초식', '육식' 같은 어려운 말도 자연스럽게 내뱉는다. 공룡 이름도, 공룡의 특징도 즐겁게 말할 수 있다.

"와! 그렇구나. 그런 말을 어떻게 알았니?"

아이가 관심 분야에 대해서 말하거나 설명할 때 엄마의 태도가 매우 중요하다. 아이 말을 즐겁게 들어주어야 아이가 더 실감 나게 이야기할 수 있다.

아이가 말하는 단어나 표현을 칭찬하고 격려하는 것은 매우 중요하다. 아이는 엄마가 신기해하거나 모른다고 할 때 더욱 신이 나서 말한다. 그래서 엄마가 일부러 모른 척, 신기한 척하는 반응을 보여야 한다.

아이는 하나의 단어를 설명하고 표현하기 위해서 몇 배의 단어를 쓰고 그것을 적재적소에 사용하는 연습을 하고 있는 것이다.

"다른 말로는 뭐라고 할까?"

새로운 단어를 가르칠 때, 예를 들어 '멀다-가깝다'를 알려줄 때, 만약 행성을 좋아하는 아이에게 행성들의 거리가 '멀다-가깝다'로 설명하면 아이는 쉽고 간단하게 받아들인다.

이렇게 아이의 어휘력을 확장시킬 때 좋아하는 것, 관심 있는 대상으로 시작하는 것이 매우 중요하다. 모든 공부는 쉽고 재미있게, 그리고 익히기 쉬운 것에서 시작하는 것이 맞다.

아이가 좋아하는 장난감에 대해 이런저런 표현을 할 때, 엄마가 최대한 자연스럽게 "그건 ○○라고 해.", "다른 말로 하면 ○○라고 하는 거야." 하고 조금 더 수준 높은 단어로 이끌어낸다. "엄마, 지금 지구가 태양 주변을 돌고 있어.", "그래, 그런 것을 공전이라고 해." 이때 신나게 자신의 관심사를 이야기하던 아이는 그 말을 그대로 받아들여 기억하게 될 것이다.

"그 말을 잘 모르겠어? 네가 알고 있는 ○○에서 찾아볼까?"

아이들은 자신이 좋아하는 분야에서 단어를 찾아내는 것에는 거부감이 없다. 동물을 좋아한다면 동물을 먹이고 입히고 재우면서 밥, 식탁, 의자, 셔츠, 바지, 침대, 이불을 가르치면 된다. 일상생활 용어를 굳이 인형 놀이나 식탁 놀이를 하면서 알려주어야 한다는 것은 또 하나의 편견이다.

아이가 어떤 단어의 뜻을 잘 생각해내지 못하거나 적절한 말을 찾아내지 못할 때, 아이와 함께 즐겼던 놀이나 게임, 관심 있는 분야에서 찾아보면 좋다. 엄마가 아이와 함께한 경험에서 힌트를 주는 것만으로 아이 스스로 찾아내게 할 수 있다. 예를 들어 '뜨겁다'라는 단어를 표현하지 못하는 경우에는 "저번에 행성 놀이 할 때 태양이 어떻다고 했지?"라고 한다면 아이가 의외로 빨리 회상하고 찾아낼 수 있다. 특히 아이가 좋아하는 분야는 약간의 힌트만 준다면 더 많은 어휘를 충분히 표현할 수 있다.

전문 어휘를 찾게 하는 말

- "뭐가 제일 좋아?" : 아이의 관심사를 찾는 말
- "그런 말을 어떻게 알았니?" : 아이의 표현을 칭찬하고 격려하는 말
- "다른 말로 뭐라고 할까?" : 관심 어휘를 확장시키는 말
- "네가 알고 있는 ○○에서 찾아볼까?" : 관심 분야에서 단어를 찾아보게 하는 말

아이의 어휘력을 길러주는 구체적인 질문, 어떻게 해야 하나요?

아이의 어휘력을 키워주는 것을 어려워하는 엄마들이 대부분 선택하는 것은 단계별로 나와 있는 어휘 문제집이다. 어휘 문제집을 처음부터 끝까지, 혹은 단계별로 풀면 어휘력 문제가 해결될 것이라 생각한다.

그런데 아이에게는 문제집 한 권을 푸는 것보다 엄마와의 다양한 대화와 경험을 통해 어휘력을 기르는 것이 더욱 효과적이다. 아이는 구체적 경험을 통해 폭넓게 어휘를 배우며 단어의 정확한 뜻을 알고 활용할 수 있게 된다. 아이에게 문제집을 풀게 하는 것은 어쩌면 엄마의 만족일 뿐 아이에게는 또 다른 형태의 스트레스일 것이다.

그렇다면 어떻게 해야 아이의 어휘력을 키우는 질문을 할 수 있을까?

몇 가지 원칙을 세우면 의외로 쉽게 아이와 여러 이야기를 나눌 수 있다. 그 이야기를 통해 어휘력은 물론 정서적 유대감도 키울 수 있으니 일석이조 효과를 거둘 수 있다. 어휘력을 키우는 질문을 만드는 몇 가지 원칙은 다음과 같다.

첫째, 아이가 모르는 단어에 대해서 "왜 몰라?", "그게 무슨 뜻인지 정말 몰라?" 하고 따지거나 혼내지 않는다.

아이는 의외로 아주 어려운 단어를 알고 있기도 하고 아주 쉬운 단어를 모르기도 한다. 어려운 단어를 알고 있을 때 엄마는 감동하고 좋아하지만 쉬운 단어를 모를 때는 갑자기 아이가 다른 단어까지 모를까 봐 불안해진다.

아이들의 어휘력은 시냇물을 건너는 징검다리와 같다. 시냇물을 가로지르는 네모반듯하고 평평한 다리가 아니라 퐁당퐁당 건너뛰어야 한다는 뜻이다. 어떤 단어는 수면 위로 올라와 있고, 어떤 단어는 물속에 들어가 있다. 하지만 징검다리를 건너 결국 다른 쪽으로 건너갈 수 있듯이 퐁당퐁당 건너뛰더라도 꾸준히 다음 지점을 향해 가고 있다는 점을 기억해야 한다.

당장 그 단어를 모른다고 해서 아이의 어휘력을 걱정하거나 불안해하지 말아야 한다. 아이의 어휘력은 수면 위로 떠오르지 않았을 뿐이지 생각보다 많은 어휘를 구사할 수 있을지도 모르고, 당황해서 말을 못 했을 수도 있다.

오히려 아이가 모르는 단어를 솔직하게 이야기하고 그 뜻을 물어봤다는 점을 활용해야 한다. 그래야 그 단어를 중심으로 대화의 물꼬가 트일 수 있기 때문이다. 아이가 모른다고 말한 그 단어, 그리고 말을 꺼낸 그 순간을 놓치지 말자.

둘째, 어디서 단어의 뜻을 쉽게 연결할 수 있을지 생각한다.

아이가 모르는 단어에 대해 어떤 방법으로 연결하면 쉽게 받아들일까 생각해야 한다. 초등학교 저학년생은 아직 어리다. "사전을 찾아보자."라고 했을 때 막상 펼쳐본 사전에 나와 있는 단어 뜻을 더 어렵게 느낄 수도 있다. 사전의 어휘는 결코 우리 아이의 수준에 맞춰져 있지 않아서 엄마가 다시 설명해주어야 할 때가 많다.

가장 좋은 방법은 아이가 읽은 책이나 구체적 경험에서 그 단어를 설명해주는 방법이다. '배려하다'라는 말을 어려워하는 아이에게 사전에 적힌 대로 '도와주거나 보살펴주려고 마음을 쓰다'라고 설명하는 것보다 "예전에 우리 버스 탔을 때 아기를 안은 아주머니가 타서 자리를 양보해드린 적 있었지? 그때 네가 '아주머니가 아기를 안고 있어서 힘들 것 같으니까 자리를 양보해야겠다' 하고 생각했을 거야. 그런 마음이 그 아주머니에 대한 배려야."라고 말해준다면 사전적 의미보다 더 확실하게 와닿는다.

셋째, 아이가 단어의 뜻을 유추할 수 있는 질문을 해 스스로 맞혀보게 한다.

엄마는 아이가 단어 뜻을 물으면 바로 대답해주는 것이 아니라 아이 스스로 알게 하기 위해 여러 질문을 던진다. 그렇게 해서 아이 스스로 단어 뜻을 예측하는 시도를 하다가 알아맞히면 그 단어는 자연스럽게 습득이 된다.

예를 들어 "엄마, 품목이 뭐야?"라고 물었을 때 '물품의 이름을 쓴 목록'이라고 바로 말해주는 것이 아니라 "그거 어디서 봤어?"와 같이 되묻는다. 또는 아이가 그 뜻을 유추해보도록 "얼마 전에 우리가 본 그림책에서 마트에 품목이 쓰여 있는 그림이 나왔는데, 혹시 생각나?" 하고 묻거나, 아이가 기억하지 못하면 함께 책을 찾아서 뜻을 생각해볼 기회를 준다.

한자어 단어라면 한자어 각각의 뜻을 알려주고 "그러면 무슨 뜻일까?" 하고 물어봐서 아이 스스로 알아맞히게 한다. 엄마의 힌트에서 아이디어를 얻어 아이 나름대로 해석하거나 설명하게 된다.

넷째, 무조건 쉽게 설명해주는 것이 정답은 아니다.

아이에게 단어를 설명할 때 어린아이들이 쓰는 말로 쉽게 설명하는 엄마들이 있다. 예를 들어 '이탈하다'라는 단어를 설명하는데 "이건 어떤 범위나 선에서 떨어져 나오는 거야."와 같이 초등학생이 알 만한 '범위' 같은 단어를 충분히 써도 되는데, 아이가 이해하기 어려울까 봐 "같이 있는 것에서 멀리 가버리는 거야."처럼 너무 쉬운 표현을 써서 설명하는 것이다. 아이가 '범위'라는 단어를 모른다면 "그런데 범위가 뭐야?" 하고 물어볼 것이고 그러면 그 단어를 설명해주면 된다.

　너무 쉬운 단어로만 설명하면 아이가 바로 알아듣기는 편할 수 있지만 이후에도 계속 쉽게 설명해야 할 수도 있고, 어려운 단어가 아닌데도 더 쉽게 설명해주지 않으면 이해하기 어려워할 수도 있다. 아주 어릴 때 썼던 '맘마'라는 말을 어느 순간부터 더 이상 쓰지 않아야 하는 것과 같은 원리다. 아이의 나이나 학년에 맞는 적당한 수준의 어휘를 사용하는 것은 매우 중요하다.

제4장

생각을 잘 표현하는 아이로
만드는 엄마의 대화법

쓰기 능력이 중요한 이유

: 문해력의 마지막은 자기표현이다

다른 사람의 생각을 이해하는 것만큼이나 중요한 것은 자신의 경험이나 생각을 표현하는 것이다. 어떤 사람은 한참 동안 머리를 쥐어짜도 괜찮은 글 내용이 떠오르지 않는다. 그런데 어떤 사람은 잠시 생각하고 나서 술술 글을 써 내려간다. 이것을 단지 쓰기 기술 차이라고 생각하면 큰 오산이다.

일반적으로 듣기, 읽기 같은 다른 사람의 생각을 이해하는 활동에서 문해력이 더 필요하다고 생각할 것이다. 우리는 듣기나 읽기를 통해 정보를 얻고, 그 정보를 바탕으로 새로운 내용을 이해하고 자신이 알고 있는 지식과 연결해나가기 때문이다. 따라서 문해력이 없으면 말하는 내용 혹은 글 내용을 제대로 이해하기 어렵고, 다른 사람의 생각을 이해하기는 더욱 어렵다.

그런데 오히려 말하기, 쓰기 활동에서 문해력이 더욱 중요하다. 특히 글쓰기에서 문해력은 어떤 언어 능력보다도 높은 수준이어야 생각과 느낌을 충분히 표현할 수 있다. 핀란드 같은 교육 선진국의 경우 초등학교 3학년 수준은 돼야 자기 생각을 쓰는 에세이 활동이 본격화된다. 우리나라가 유독 쓰기 교육이 빠른데 사실은 한글 쓰기에 가깝다. 그리고 처음에 시작하는 쓰기는 받아쓰기나 따라 쓰기다. 그러다 보니 정작 자기 생각을 써야 할 때 이미 쓰기에 질려버리거나 의욕을 잃는 경우가 많다.

모든 언어 능력이 종합적으로 발달해야 쓰기 능력이 완성된다. 그리고 문해력 측면에서도 가장 마지막 발달 단계는 자기표현 단계, 즉 쓰기라고 해도 과언이 아니다.

그런데 쓰기의 핵심을 '잘 쓰는 능력' 혹은 '문장을 만드는 능력', '글짓기 능력'이라고 생각하는 경우가 많다. 가장 중요한 것은 내용이다. 그 내용을 만들어내기 위해서 쓰기 활동을 지속해야 한다. 쓰기에서 문해력이 중요한 이유는 크게 세 가지로 요약할 수 있다.

첫째, 문해력은 글쓰기를 유지하는 힘이다. "엄마, ○○이 무슨 말이야?", "무슨 말을 넣어야 해?" 이런 말을 반복하면서 글을 쓰다 보면 집중력이 흐트러지고 결국 무엇을 어떻게 써야 할지 막막해진다. 어휘력을 충분히 갖추고 있고 문해력도 풍부하다면 단어 뜻이나 단어의 표현이 적절한지 물어볼 필요도 없다. 쓸 수 있는 충분한 소재만 있다면 써 내려가는 데 크게 문제가 없다. 물론 엄마와 소통하면서 더 구체화할 수도 있지만, 글을 완성해내는 데 최소한 어휘적 문제에서 오는 어려움은 없다.

둘째, 문어체에서 사용하는 어휘의 특성은 일반적인 말, 즉 구어체에서 쓰는 것과는 다르다. 예를 들어 대화를 주고받는 과정에서 조사의 생략이나 어순의 뒤바뀜 등 다양한 문법적 오류가 있다고 하더라도 대화에 크게 방해되지 않으면 별문제가 없다. 그런데 쓰기는 다르다. 쓰기는 정확한 필기 능력과 문법이 필요한데 이것은 문해력이 기반이 되지 않으면 불가능하다.

셋째, 글을 읽고 생각이나 감정을 정리하는 여러 방법 중 하나가 쓰기라는 점이다. 기본적으로 문해력이 없으면 생각과 감정을 표현하기가 쉽지 않다. 문해력은 단어 뜻만이 아니라 그것을 둘러싼 여러 맥락과 상황까지 모두 포함하는 것이기 때문이다.

초등학교 시기에는 글쓰기에 대해 다양하게 시도할 수 있다. 쉽고 재미있게만 이루어진다면 앞으로도 자신감 있게 글을 쓸 가능성은 충분하다. 생각을 문장으로 풀어나가는 것이 결코 쉽지는 않지만 아이에게 '생각보다 별로 어렵지 않은 것'이라는 인상을 심어줄 수도 있다.

아이는 성장 단계마다 다양한 글쓰기 형식을 배운다. 처음에는 그림과 병행된 그림일기로 시작해 일기, 독서록 등으로 확대된다.

수행 평가에서도 과제에 대한 정리와 쓰기로 학업 수준을 평가한다. 학년이 올라갈수록 논술형이나 서술형 문제가 점점 많아진다.

제대로 된 쓰기를 위해서 글을 쓰고 나서 다시 읽어보고 수정하는 퇴고 과정을 거치는데 이것이야말로 수준 높은 언어적 활동으로 연결된다. 쓸거리를 만들고 어떤 단어를 선택할 것인지, 어떻게 문단을 구성할 것인지 고민하고 쓰고 고치는 과정은 굉장히 논리적이고 비판적으로 이루어진다.

글을 쓴다는 것은 무조건 자기감정이나 생각을 쏟아놓는 일이 아니다. 자기 생각을 정리하고 감정을 구체화해야 한다. 이런 과정을 통해 인지적·정서적으로 한 단계 성장한다. 구체적이고 추상적인 다양한 어휘에 상상력도 덧붙여야 살아 있는 글이 되니 문해력이 얼마나 중요한지 명백해진다.

제대로 쓰기 위해서 배워야 할 것은 쓰기의 스킬 혹은 쓰기 방법이 아니다. 그것은 나중에 천천히 배워도 된다. 아이가 온전히 글에 집중해서 쓸 수 있는 시간과 노력 그리고 그것을 뒷받침하는 문해력을 배워야 한다.

쓰기를 잘하려면 말과 글을 잘 다룰 수 있어야 하는데 이를 관통하는 핵심이 문해력이다. 분명한 것은 문해력을 통해 쓰기 능력을 키울 수 있고, 쓰기를 통해 문해력을 키울 수 있다는 점이다. 쓰기는 문해력의 마지막 꽃이다.

Step I. 쓰기 시작 단계

"조금만 써도 괜찮아."

: 쓰기의 부담을 덜어주는 말

쓰는 것을 어려워하는 어른도 많다. A4 용지 앞에서 머릿속이 하얘진 경험은 누구나 있을 것이다. 그러니 이제 한글을 읽고 쓰기 시작한 아이는 오죽할까. 게다가 우리나라 쓰기 교육의 시작은 '받아쓰기'다. 내 생각이 아니라 다른 사람이 불러주는 단어나 문장을 써야 하는 것, 심지어 맞춤법이나 띄어쓰기가 틀리면 점수가 깎인다. 손에 잘 쥐어지지도 않는 연필을 잡고 글씨 연습을 하는 동안 아이에게 쓰기란 점점 어려운 것, 하기 싫은 것, 힘든 것이 된다.

나는 우리나라 쓰기 교육의 가장 큰 딜레마가 여기에 있다고 생각한다. 우리나라처럼 쓰기를 일찍 시작하는 나라도 드물다. 교육

열이 높다고 인정받는 많은 나라에서 쓰기 교육은 초등학교 3학년 정도에 시작한다. 대신 받아쓰기가 아닌 에세이, 즉 자기 생각 쓰기를 한다. 우리와는 차원이 다른 접근이다.

받아쓰기에 지치고 맞춤법에 따라 쓰는 것에 질려버린 상태에서 정작 자신의 이야기를 써야 할 때 '나는 못 쓴다'는 이야기가 나온다. 남이 불러주는 말만 써오다가 갑자기 자신의 이야기를 쓴다는 것이 결코 쉬운 일은 아니다.

아이들이 가장 싫어하는 숙제 중 하나가 일기 쓰기다. 그런데 일기 쓰기도 처음에는 엄마가 불러주는 대로 썼고, 어느 정도 쓸 줄 알게 되면 엄마들은 "네가 알아서 써." 하고 아이에게 맡겨둔다. 1~2년을 엄마가 불러주는 대로 쓰다가 갑자기 방임형이 되는 것이다.

글 내용도 문제지만 분량도 문제다. 보통 엄마들은 아이가 반 장이상은 써야 한다고 생각한다. 그래서 몇 줄만 쓰면 "반도 안 찼잖아. 더 써야지." 하고 닦달한다. 어른도 힘든데 아이에게 채워 쓰라고 강요하는 것은 글쓰기와 점점 멀어지게 만드는 지름길이다.

따라서 처음 쓰기를 시작할 때는 말하는 것처럼 쉬운 것, 혹은 장난감을 가지고 노는 것처럼 재미있는 것으로 쓰기를 생각하게 만들어야 한다. 아이는 쉽고 재미있어야 자꾸 시도한다.

"뭐가 제일 쓰기 쉬울 것 같아?"
아이가 쓰기에 제일 쉽게 도전하는 방법은 무엇일지 생각해보

자. 수준을 최대한 낮추고 아주 쉬운 것을 써도 좋다고 말해주는 것이다. 아주 쉽고 간단한 내용이라도 아이에게 그것을 말로 하는 것과 글로 쓰는 것은 하늘과 땅 차이다. 따라서 가장 잘 생각해서 쓸 수 있는 이야기에서 힌트를 얻도록 한다.

유치한 내용일지라도 아이가 쓰고 싶어 하는 내용, 가장 쉽게 쓸 수 있는 내용을 쓰게 한다. 그런데 쉽다고 생각한 내용도 막상 쓰려고 하면 매우 어렵게 느껴질 수 있다는 점을 명심하자.

"두 줄이나 세 줄만 써볼까?"

아이가 처음 글을 쓴다면 한 줄 쓰기도 쉽지 않을 것이다. 우선적으로 자신의 경험이나 생각을 여러 줄의 글로 표현하는 것에 대한 두려움을 가지지 않도록 해야 한다. 따라서 여러 줄, 종이 한 장 가득 채워 넣는 것을 기대하지 말고, 처음 쓰기를 시도할 경우 두 문장만 쓰더라도 잘했다고 칭찬한다.

두 문장을 쓴다는 것은 두 문장을 연결할 수 있다는 것이다. "나는 밥과 미역국을 먹었다. 오늘은 내 생일이다."와 같이 접속사 없이 짧은 두 문장을 썼더라도 그것만으로도 아이가 '오늘은 생일'이라는 메시지를 짧게 전달한 것이다.

첫술에 배부를 수는 없지만 첫술은 다음 숟가락을 들게 하는 힘이 된다. 처음에는 스스로 쓰는 한 줄 혹은 두세 줄도 칭찬해주는 엄마의 태도가 다음 글쓰기를 유도할 수 있다.

"틀려도 괜찮아. 마음대로 써봐."

처음 쓰기를 하는 아이에게 가장 큰 부담감은 문법이다. 대표적으로 띄어쓰기와 맞춤법이 있다. 아이에게 띄어쓰기와 맞춤법은 당연히 어렵다.

그런데 매번 맞춤법이나 띄어쓰기를 지적받으면 쓰는 것이 신경써야 하는 일로 여겨진다. 매번 틀릴까 봐 눈치를 본다면 스트레스를 받게 되고 결국 안 하겠다고 할 가능성이 크다.

따라서 꼭 필요한 순간이 아니면 맞춤법이나 띄어쓰기를 지적하거나 고치기를 강요하지 않도록 한다. 손에 빨간 펜을 들고 고쳐주고 싶은 욕구가 들더라도 참는 것이 좋다. 아이의 경험과 이야기가 담긴 글이라면 무엇이든 소중하게 여겨야 한다. 틀린 글씨나 맞춤법은 접어두고 아이의 마음을 읽어주는 엄마의 눈이 필요하다.

"잘했어. 진짜 네가 쓴 거야? 정말 대단한데!"

이 시기에 아이가 어떤 글이라도 썼다면 무조건 칭찬해야 한다. 처음 걸음마를 시작했을 때, 처음 '엄마, 아빠'를 말했을 때, 처음 글자를 읽었을 때 아이의 성장에 놀라워하고 감탄하면서 아이를 칭찬하고 안아주었다. 이와 마찬가지로 아이가 처음 글을 쓰는 과정에서도 칭찬과 과장될 정도의 감탄은 필수다.

아이가 성장할수록 학습적인 일이 아닌 이상 칭찬할 일, 감탄할 일이 점점 줄어든다. 하지만 아이는 여전히 자라고 있다. 아이가 종

잇조각에 그림과 함께 써놓은 글, 낙서 같은 글씨, 삐뚤삐뚤 써놓은 글이 얼마나 대견한지 아이에게 충분히 표현해준다. 별것 아닌 것 같은 문장 몇 줄로 엄마의 칭찬을 듬뿍 받는다면 아이의 글쓰기는 탄력을 받게 될 것이다.

쓰기의 부담을 덜어주는 말

- "뭐가 제일 쓰기 쉬울 것 같아?" : 쓰기에 쉽게 도전하게 하는 말
- "두 줄이나 세 줄만 써볼까?" : 분량에 대한 부담을 줄여주는 말
- "틀려도 괜찮아. 마음대로 써봐." : 맞춤법에 신경 쓰지 않고 쓰도록 하는 말
- "잘했어. 정말 대단한데!" : 아이의 쓰기를 칭찬하는 말

"옆에 있는 ○○부터 써볼까?"

: 주변부터 관찰하도록 하는 말

"엄마, 뭘 써야 할지 모르겠어."

아이가 글을 쓸 때, 특히 일기를 쓸 때 소재에 대한 고민을 많이 한다. 매일매일 똑같은 일상이고 특별할 것이 없는데 무엇인가를 써야 한다는 것이 아이를 괴롭게 한다. 그동안 아이에게 글을 쓰라고 이야기했을 뿐 어떻게 써야 하는지 말해준 적은 없다. "오늘 어떤 일이 있었어? 그거 쓰면 되잖아. 빨리 써." 하고 쓰기를 독촉하는 것이 전부다.

글쓰기란 여행과도 같다. 조금 남다른 눈, 조금 새로운 눈으로 사물을 보고 대한다면 분명히 날라질 수 있다. 새로운 곳을 향해 새로운 여행을 떠나는 것처럼, 글을 쓰기 시작할 때 사물이나 사건을 한 번쯤은 남다른 눈으로 바라보고 생각하는 것이 필요하다.

아이는 소재 찾기를 늘 어려워한다. 아이뿐만 아니라 글을 쓰는 모든 사람에게 가장 어려운 것이 무엇을 소재로 쓸 것이냐다. 그래서 아이에게도 특별한 눈이 필요하다. 여기서 특별한 눈이라고 하는 것은 다른 관점, 남다른 내용을 말하는 것이 아니다. 자신을 둘러싼 사건이나 내용을 정확하게 바라보고 자세히 관찰하는 눈과 마음을 말한다. 사물을 보는 눈에서부터 글을 쓸 수 있는 특별한 소재가 생기기 때문이다.

우리가 어떤 글을 볼 때 어떤 물건이나 사건을 남다르게 보는 작가의 시선에서 "역시 작가는 다르네.", "시인의 눈은 다르네."라는 표현을 쓴다. 작가의 눈이 남다르다는 것은 그것을 보는 관점이나 생각이 남다른 것이다.

예를 들어 꽃이 담긴 꽃병을 볼 때 위에서 보는 것과 아래에서 보는 것, 옆에서 보는 것이 모두 다르다. 때로는 꽃이 담긴 물을 보기도 하고 때로는 시들어가는 꽃잎을 보기도 할 것이다. 잎사귀 끝에 매달린 벌레를 볼지도 모른다. 똑같은 꽃병이라는 소재로 글을 쓰더라도 아이의 눈이 어디에 가 있는지에 따라서 다르게 본다는 데에서 글쓰기가 시작된다. 그리고 단순히 보는 것뿐만 아니라 경험이 확대될 수 있다. 예를 들어 그 꽃을 선물한 적이 있는 사람이나, 벌레가 매달려 있던 어느 집 담벼락을 떠올리는 것과 같은 연상 활동이 글을 더욱 풍부하게 만든다.

자신의 관점에서 사물을 보고 그 특징을 쓸 수 있는 어휘력을 가지는 것이 바로 쓰기의 문해력이다. 아주 좁게는 꽃 크기가 어떤지, 모양이 어떤지, 무엇과 닮았는지, 그리고 어떤 것을 글로 연결할 수 있는지, 이런 것을 표현해서 쓸 수 있는 능력이 바로 쓰기 문해력의 시작이다.

이렇게 관찰하고 생각하는 것, 그리고 이것을 종이에 옮겨 적을 수 있는 것이 쓰기의 힘이다. 하지만 쓰기 전에 글쓰기의 소재를 생각하게 만드는 것은 엄마의 말에서 출발한다.

"네가 제일 좋아하는 게 뭐야?"

처음에는 좋아하는 일이나 물건으로 관심을 끈다. 아이는 무엇을 어떻게 써야 할지 시작부터 막막해하는 경우가 많다. 따라서 다음과 같은 말을 건네는 것은 글쓰기 여행의 시작을 위해서 아이의 마음에 시동을 거는 방법이다.

"우리 ○○는 무엇을 가장 좋아하지?"
"게임 중에서 뭐가 가장 재미있어?"

아이가 관심을 가진 것이 무엇인지, 어떤 것을 좋아하는지 모른다면 글쓰기의 시작을 제대로 하기가 어렵다. 좋아하는 것이 무엇인지, 관심 있는 것이 무엇인지 이끌어내는 것이 모든 이야기의 출발점이다. 따라서 쓰기에서도 아이의 호기심을 끌 수 있는 주제나 소재를 던져주는 것이 매우 중요하다.

"이거 보면 무슨 생각나?"

사물을 보는 아이의 상상력을 키워주는 것도 방법이다. 아이 앞에 있는 어떤 사물이어도 좋지만, 아이가 좋아하거나 특별한 경험이 있는 물건이면 더 좋다. 예를 들어 여행지에서 사 온 물건이라거나 생일 선물로 받은 것, 혹은 아이가 소중하게 여기는 물건 등이다.

따라서 물건과 관련된 경험이나 이야기를 떠올릴 수 있는 질문을 던져보는 것이 좋다. 그를 통해 아이는 작은 물건에 얽힌 경험을 떠올려 내용을 확장할 수도 있다. 그 확장을 위해서는 아이가 신나게 말할 수 있도록 적극적으로 들어주고 다른 생각을 이끌어내도록 한다. 그래서 아이와 대화할 때는 "그래서?", "우와, 그다음에는?", "그런 일이 있었구나, 그런데?"와 같이 아이의 대답을 적극적으로 유도하는 것이 좋다.

"본 대로 자세히 말해볼래?"

아이에게 사물을 자세히 살펴보게 하는 것도 좋다. 경험과 바로 연결시키기 어렵다면 색깔, 모양, 크기 등과 관련된 단어를 바탕으로 정리해보는 것도 도움이 된다. 아이가 하나의 단어를 설명하기 위해 이런저런 단어나 문장을 말하고 써보는 것부터가 쓰기의 시작이다.

아이가 어떤 것을, 어떤 내용으로 써야 할지 막막해할 때 물건을 가지고 써보게 하는 것도 자신감을 길러주는 방법이다. 생각보다 여러 줄을 쓸 수 있다. 시계에 대해 쓴다고 가정해보자.

(1) 우리 집 거실에 있는 시계는 네모 모양이다. 색깔은 하얀색이고 학교 시계보다 숫자가 훨씬 크다. 시침, 분침, 초침 모두 있는데 가끔 시곗바늘이 돌아가는 것을 보면 참 신기하다.

(2) 엄마는 가끔 집에 오시는 할머니가 시계 보기가 힘들다고 하셔서 숫자가 큰 시계를 사셨다. 할머니는 이제 집에 있는 시계가 잘 보인다고 웃으신다.

이 정도만 써도 좋다. (1)만 써도 초등학교 저학년생의 글 내용으로 괜찮다. 집 거실에 있는 시계의 모양이며 색깔이 어떤 것인지 실감 나게 썼기 때문이다. 만약 (2)처럼 자신의 경험이나 이야기를 살짝 덧붙인다면 훌륭한 한 편의 짧은 글이 된다.

"제일 자신 있는 주제로 써보면 어떨까?"

아이에게 21세기 과학이나 역시 발전과 같이 다소 딱딱한 주제나 경험해보지 못한 사항에 대한 주제를 주면 당연히 첫 글자부터 쓰기 어렵다.

그런데 아이돌 그룹을 좋아하는 아이에게 아이돌 이야기를 써보라고 하거나, 슬라임 만들기에 한창 빠져 있는 아이에게 슬라임 이야기를 써보라고 한다면 신나게 쓸 확률이 높다. 자기가 좋아하고 자신 있는 이야기를 써보는 것은 얼마나 재미있고 신나는 일일까.

처음부터 어려운 주제를 내기보다 쉽고 재미있는 이야기, 아이가 말로 신나게 떠들 만한 이야기를 써보라고 한다면 쓰기에 좀 더 친숙하게 접근할 수 있다. '별로 안 어렵네'라는 생각이 쓰기 초기 단계에서 가장 중요하다는 사실을 잊지 말자.

주변부터 관찰하도록 하는 말

- "네가 제일 좋아하는 게 뭐야?" : 쓰기 주제에 쉽게 접근하게 하는 말
- "이거 보면 무슨 생각나?" : 주제와 경험을 연결하게 하는 말
- "본 대로 자세히 말해볼래?" : 자세히 관찰하게 하는 말
- "제일 자신 있는 주제로 써보면 어떨까?" : 쓰기에 자신감을 갖게 하는 말

"어떻게 생겼어?"
"만질 때 느낌은 어때?"

: 오감으로 묘사하게 하는 말

미국 하버드생이라고 하면 최고의 두뇌를 가진 학생이라고 해도 될 것이다. 그런데 이들의 생활을 취재해보면 최고의 두뇌를 가졌음에도 놀라울 정도로 많은 시간을 공부에 할애한다는 것을 알 수 있다. 새벽부터 밤늦게까지 도서관이며 기숙사에 켜져 있는 불이 이를 말해준다. 그런데 이들이 졸업 후 "가장 원하는 것이 무엇인가요?"라고 물었을 때 많은 하버드 졸업생이 '글쓰기 능력'이라고 말했다. 앞으로는 어디서든 글쓰기를 통한 자기표현 능력과 프레젠테이션이 필요하고 중요하다는 것을 의미한다.

그런데 이러한 쓰기 능력의 기반에는 경험이 있다는 것을 간과

해서는 안 된다. 잘 쓰는 것은 쓰기 연습만으로는 불충분하다. 자신이 생각한 일이나 겪었던 일을 구체화한 경험이 있어야 잘 써지고 그것을 연결하는 힘이 생긴다는 것은 의심할 여지가 없다.

글쓰기에 탄력이 붙은 아이는 도미노에 비교할 수 있다. 도미노의 첫 도막이 넘어지면 나머지 도막이 자연스럽게 차례로 넘어간다. 이처럼 글쓰기에 조금 재미를 붙인 아이라면 이제 도미노의 첫 도막을 넘기는 순간에 와 있는 것과 같다.

그 첫 도막을 넘기는 일에 좀 더 집중하게 하는 방법은 명확하다. 일상적인 이야기를 넘어서서 조금 더 특별한 글감, 그리고 추상적인 내용이라도 구체적으로 연결하는 글쓰기를 하도록 이끌어가는 것이다.

여기서 가장 중요한 것은 오감을 살려서 쓰는 것이다. 추상적인 주제라 하더라도 감각을 살려서 쓰면 좀 더 자연스럽고 생생하게 다가온다. 그리고 처음 습작 시기에 이렇게 감각을 살려 묘사하는 훈련을 하면 나중에 글을 훨씬 더 편하게 쓸 수 있다. 특히 추상적인 개념을 손에 잡힐 듯 생생하게 표현하는 연습을 하려면 구체적인 단어를 활용해야 한다. 결국 구체적인 글을 쓰려면 어휘력이 기반되어야 한다.

"눈으로 보는 것처럼 써볼까?"

오감은 시각, 청각, 촉각, 미각, 후각의 다섯 가지 감각을 말한다.

이 감각을 모두 활용해, 혹은 한 가지에 집중해 글을 쓰도록 유도할 수 있다.

처음에는 한 가지 감각에 집중하도록 하는 것이 좋다. 아이가 가장 쉽게 접근할 수 있는 것은 시각이다. 눈에 보이듯이, 정물화를 그리듯이 글로 사물을 설명해보도록 하는 것이다. 혹은 냄새에 초점을 맞춰, 아니면 만졌을 때의 느낌이 어떤지를 서로 이야기해보면서 감각을 일깨우며 글을 쓰도록 유도한다.

> 엄마 : "짜잔! 엄마랑 아까 과일 가게에서 사 온 사과야."
>
> 아이 : "사과 맛있겠다."
>
> 엄마 : "과일 사면서 있었던 일 생각나니?"
>
> 아이 : "엄마가 맛있는 거 산다고 이것저것 자꾸 골라서 과일 가게 아저
> 씨가 그만 좀 고르라고 했어. 그래서 민망했어."
>
> 엄마 : "그렇게 산 게 이 사과잖아. 근데 엄마는 왜 이 사과를 골랐을
> 까?"
>
> 아이 : "색깔이 빨갛고, 음… 향기도 좋아."

이미 엄마와 과일 가게 아저씨의 실랑이만으로도 재미있는 글감이 됐는데, 여기에 엄마가 고른 사과에 대해 오감을 살려서 생동감 있게 이야기하면 훨씬 더 멋진 글이 될 것이다.

추상적인 내용일수록 쉽게 쓰려면 연관되는 감각을 최대한 살리는 것이 좋다. 가장 쉬운 방법 중 하나는 마인드맵이다. 설명하려는 한 가지 개념을 두고 마인드맵으로 생각의 흐름을 여러 방향으로 펼쳐나가는 것이다. 하나의 단어를 설명하는 일은 어휘가 기반이 되지 않으면 절대 할 수 없다. (마인드맵으로 어휘를 확장하는 방법은 p.205~213에서 자세히 설명했다.)

예를 들어 '사랑'이라는 단어를 떠올릴 때 시각과 촉각, 후각 그리고 경험을 연결한 마인드맵을 그리면 다음과 같다.

추상적일 수도 있는 사랑이라는 감정이 다양한 문장 혹은 구절로 묘사됐다. 사랑이라는 단어가 좀 더 구체적인 느낌으로 다가오는 것을 알 수 있다. 어떤 단어를 설명할 때 오감에 관한 단어를 활용하면 훨씬 더 생생하게 다가온다. 이것을 정리해서 쓰면 사랑에 대한 짧은 글이 된다.

"네가 설명하는 것을 엄마가 그려볼까?"

아이가 충분히 구체적으로 글을 쓰는지 확인하려면 아이가 쓴 글을 읽었을 때 눈에 그 모습이 그려지면 된다. 혹은 실제로 아이 앞에서 그림을 그려봐도 좋다. 가장 좋은 것은 엄마가 혹은 가족이 글을 쓴 아이 앞에서 함께 그림을 그리는 것이다. 아이가 읽어주는 글에서 어느 정도 비슷한 모습을 그릴 수 있다면 아이의 글은 묘사에 충실하다고 할 수 있다.

단, 아이의 글이 완벽하지 않더라도 괜찮다. "엄마가 네 글을 제대로 이해하지 못했나 보다." 하고 웃으며 이야기할 수 있어야 한다. 만약 가족 모두가 각자 그림을 그렸다면 아이에게 글 내용과 가장 비슷한 그림을 고르라고 해도 좋다. 글쓰기가 즐거운 놀이이자 아이에게 '다음에는 더 잘하겠다'는 도전 의식을 심어줄 수 있도록 시도해보자.

오감으로 묘사하게 하는 말

- "눈으로 보는 것처럼 써볼까?" : 설명하는 방법을 알려주는 말
- "'○○'을 다르게 설명해볼까?" : 추상적인 단어를 구체적으로 표현하게 하는 말
- "네가 설명하는 것을 엄마가 그려볼까?" : 구체적으로 표현하도록 유도하는 말

감정 표현을 안 하는 아이,
어떻게 이끌어야 할까요?

자신의 감정을 말하지 않고 짜증을 내거나 울기만 한다. 화가 난 건지 짜증이 난 건지 알 수가 없다. 글을 쓸 때도 어떤 기분인지 제대로 써내지 못한다. "참 좋았다." 정도가 끝인 것 같다. 다른 것을 써보라고 해도 더 이상 표현하지 못한다.

엄마가 아이를 키우면서 아이의 감정이 무엇인지 제대로 확인하지 못하는 경우가 많다. 그런데 감정은 곧 자기표현이자 다른 사람에 대한 이해라는 점에서 중요하다. 아이가 말이나 글에서 감정을 잘 표현하지 못하는 이유는 크게 세 가지 정도로 생각할 수 있다.

첫째, 아이의 기질 자체가 감정 표현을 하기 어려워하는 경우, 즉 감정 표현을 쑥스러워하거나 남 앞에서 말하는 것을 어려워하는 경우다. 이런 아이에게 표현해보라고 닦달해서는 안 된다. 아이에게 또 다른 상처가 될 수 있다. 아이가 수줍어하고 낯을 가린다면 우선적으로 그 기질을 충분히 인정해주어야 한다. 직접적으로 감정을 묻기보다는 아이가 자신의 감정을 충분히 인지하고 표현할 수 있도록 조심스럽게 유도하는 것이 좋다.

둘째, 아이가 감정 어휘를 제대로 모르는 경우다. 감정 어휘는 추상적인 개념이고 한 장면을 가지고 다양한 전후 사정을 생각해보기 때문에 단순히 '기쁘다', '슬프다'로 설명할 수 있는 것이 아니다. 우는 장면 하나만 봐도 그게 앞에 일어난 일을 생각했을 때 슬퍼서인지, 억울해서인지, 아니면 속상해서인지, 여러 가지 감정을 이해해야 하는데 그것이 쉽지 않다. 아이가 감정 표현에 능숙하지 못한 경우 감정 어휘를 제대로 알고 있는지 확인하고 설명해주는 것이 좋다. 감정 어휘를 설명해줄 때는 다양한 상황별 예시를 들어주면서 아이가 해당 감정을 충분히 이해하고 받아들이는지 확인해야 한다.

셋째, 타인의 감정이 어떤지 제대로 이해하기 어려운 경우다. 다른 사람의 감정이 어떤지 모르겠는데 자신의 감정을 어휘에 대입하기란 더 쉽지 않다. 따라서 이런 상황에서 이런 감정이 든다는 것을 다른 사람의 감정에 대입해 알려주는 것이 좋다. 그리고 다양한 상황에서 느낄 수 있는 여러 감정에 대한 이야기를 나눠보는 것이 필요하다.

글을 읽으면서 '나도 저런 적이 있는데…'라는 느낌을 불러일으키면 공감 능력을 기르는 데 도움이 될 수 있다. 또래가 주인공인 동화를 읽으면서 그 마음을 이해하는 것은 경험을 공유할 수 있기 때문이다.

> 엄마 : "주인공이 혼자 버스를 타고 가야 하는 마음이 어땠을
> 까?"
> 아이 : "두근두근했을 것 같아."
> 엄마 : "두근두근, 잘못 내릴까 봐 걱정도 됐겠지. 이런 거 너도
> 느껴본 적 있니?"
> 아이 : "음, 처음에 혼자 학교 갈 때 엄청 두근거렸어."
> 엄마 : "긴장했구나."

따라서 또래 아이들이 나오는 동화를 통해 어떤 상황에 마주쳤을 때 아이가 느끼는 감정에 대해 이야기를 나눈다. 비슷한 경험을 한 일이 있는지, '만약 나라면 어떤 기분이 들 것 같은지'도 이야기를 나눠보면 좋다. 마지막에는 반드시 그 감정의 이름이 무엇인지 다시 한번 이야기해준다.

글을 쓴다는 것은 자기감정을 표현하는 방법이다. 아이가 일상적으로 겪을 수 있는 답답하고 억울한 일, 슬프고 괴로운 일, 즐겁고 신나는 일을 말이나 글로 표현할 수 있도록 도와준다. 그리고 감정을 '별것 아닌 것'으로 치부하지 않고 존중해준다. 아이는 글을 쓰면서 그때 느낀 감정을 다시 떠올리게 된다. 앞뒤 사정만 말로든 글로든 설명할 수 있다면 그 감정이 무엇인지 엄마가 알아챌 수 있다. 그리고 그 감정이 무엇인지 명명해주면 된다.

> 엄마 : "그때 어떤 마음이 들었어?"
> 아이 : "친구들이 그렇게 말해서 기분이 이상했어."
> 엄마 : "많이 속상했겠다."

이렇게 이야기를 주고받으면 '속상하다'는 감정이 이런 것이구나 이해하게 된다. 말로 주고받으면서 경험한 일을 구체화하면 "그러면 아까 있었던 일을 한번 써볼까?" 하면서 쓰기를 유도한다. 그런데 구체적인 일을 기억하기 어렵다면 "아, 누구를 만났어?", "만났는데 무엇을 보여줬다고?"라고 대화를 시도하는 것이 좋다.

글을 쓰기 전에 글감에 대해 미리 이야기를 나누거나 아이와 함께 글쓰기를 하다 보면 아이의 감정을 이해하게 된다. 또 아이는 엄마의 감정으로부터 다양한 감정을 배울 수 있다. 아이의 글이나 감정에 반응하는 엄마의 말과 행동을 통해 상대의 감정에 어떻게 반응해야 하는지 깨닫는다. 글을 쓰는 과정은 내 감정과 타인의 감정이 모두 소중하다는 것을 가르치는 데 효과적이다. 이러한 경험이 쌓여 공감 능력이 높아진다.

Step 2. 쓰기 도전 단계

"한 문장씩 돌아가며 써볼까?"

: 쉽게 긴 글을 만들게 하는 말

비어 있는 줄 공책은 아이에게 쓰기는 어렵고 힘들다는 것을 알려주는 공포의 대상이다. 아이는 '이렇게 넓은 칸을 어떻게 채우지?' 하는 생각만으로 막막하고 쓰는 것이 어렵게 느껴진다.

그런데 이 빈칸이 어렵지 않게 채워지는 경험은 '글 쓰는 게 별거 아니구나'라고 생각하게 만든다. 쓰기가 어렵지 않은 것이라는 생각을 해야 쉽게 쓸 수 있다. 이런 동기부여에 도움이 되는 것이 바로 아이가 말하는 것을 받아써주는 '받아쓰기'와 가족이 함께 하는 짧은 글짓기, 즉 '이어 쓰기'다. 아이는 자신이 혹은 가족 중 누군가가 말하는 내용이 글이 되는 것을 보고 '아, 쓰는 것이 어려운 것이 아니구나'라고 생각하게 된다.

아이가 아주 어렸을 때 하는 말을 기록해본 적이 있을 것이다. 네다섯 살 때 하는 말을 모으면 아름다운 시가 될 것 같다고 생각한 적도 있을 것이다. 작은아이가 다섯 살 때, 세찬 소나기가 내리면서 차지붕에서 '타닥타닥' 내는 소리를 듣고 "엄마 하늘에서 팝콘을 튀기는 것 같아."라고 말했다. 우리는 그런 순간을 보통 마음에 간직하는데, 글로 써보는 것도 좋다.

또 아이와 해봤던 끝말잇기를 글로 해보는 것이 이어 쓰기다. 가족이 세 명이라면 한 줄씩만 써도 세 줄이 된다. 두 번씩 돌면 공책의 반이 채워진다. 이렇게 이어 쓰기를 할 때 게임 같은 방법을 동원하면 더욱 재미있다.

"네가 한번 말해볼래? 엄마가 받아쓸게."

아이가 쓰고는 싶은데 쓰는 데 자신이 없다면 아이에게 말하게 하는 것도 좋다. 인터뷰하듯이 지금의 느낌이나 생각을 말해보게 하거나, 지금 보고 있는 것이 무엇인지 물어본다. "지금 기분이 어떻습니까?", "지금 무엇을 하러 가는 거죠?"라고 묻고, 아이가 대답한 내용을 글자로 타이핑해서 보여준다.

혹은 음성-문자 번역기 프로그램을 활용해도 좋다. 요즘 핸드폰 무료 앱 중 음성으로 말하면 문자로 번역해주는 기능이 있다. 아주 정확하지는 않지만 말하는 내용을 바로 글자로 바꿔 보여주기 때문에 신기한 경험이 될 수 있다.

말이 글로 바뀌는 경험, 그리고 그것이 쓰기라는 생각만으로도 충분하다. 말하듯이 글을 쓰는 연습은 쓰기가 신기하고 별거 아닌 재미있는 일이라고 생각하게 한다.

"오늘은 'ㅇㅇ'으로 이어 쓰기 해볼까?"

글쓰기가 항상 진지하고 고민해야 하는 것일 필요가 있을까. 아이와 장난처럼 쓰기를 시작해도 좋다. 아이에게 쓰기에 대한 부담을 줄여주는 것이 가장 중요하기 때문이다.

이어 쓰기의 시작은 장난스럽고 재미있는 것이어야 한다. 제목도 내용도 쉽고 재미있게, 그리고 즉흥적으로 해도 좋다. 쓰기 자체를 게임처럼 여기도록 하기 때문이다. 아이는 이어 쓰기가 즐겁고 재미있어야 다음에 또 하고 싶어 한다. 따라서 처음 시도에서는 쉽고 가벼운 주제로 시작하는 것이 좋다.

> 아빠 : "오늘은 '치킨'을 가지고 한번 써보자. 아빠부터 해볼게. (글씨를 쓴다.) 오늘은 치킨을 한 마리만 시켜야겠다."
>
> 엄마 : "다음은 엄마! (글씨를 쓴다.) 지난번에 너무 많이 시켜서 남겼다."
>
> 누나 : "그럼 이번엔 내가. (글씨를 쓴다.) 나는 두 마리를 시켰으면 좋겠다."
>
> 아이 : "이번엔 내가. (글씨를 쓴다.) 나랑 누나가 다 먹을 수 있다."

이렇게 돌아가면서 가족 모두가 한 줄씩 썼을 때 벌써 네 줄이 쓰였고 꽤 재미있어졌다. 이 정도면 가족들이 함께 '하하하' 큰 소리로 웃을 법하다. "자, 오늘 재미있는 치킨 이어 쓰기를 했으니 오늘 저녁은 치킨이다." 이런 말 한마디면 더욱 즐거운 가족 놀이가 된다.

"앞의 말을 잘 생각해서 써보자."

이어 쓰기를 하다가 쓰는 내용이 많아지고 주제가 다양해지더라도 아이가 어려워하지 않아서 좀 더 수준을 높이고 싶을 땐 접속사를 활용한다. 보통 엄마들은 어려운 주제, 즉 일상생활과 관련된 내용보다는 조금은 무거운 주제를 원하지만 욕심을 잠시 내려놓는 것이 좋다. 대신 접속사를 이용해 앞 이야기와 뒷이야기를 연결할 수 있는 내용을 생각해서 글을 쓰면 전혀 다른 이야기가 된다.

앞의 치킨 이야기를 가지고 다시 생각해보자.

아빠 : "오늘은 치킨을 한 마리만 시키고 싶다. 왜냐하면⋯."
엄마 : "지난번에 많이 시켜서 남겼다. 그런데⋯."
누나 : "나는 두 마리를 시켰으면 좋겠다. 왜냐하면⋯."
아이 : "오늘은 나랑 누나가 다 먹을 수 있다."

접속사를 보면 다음에 어떤 이야기가 나올지 예측된다. 접속사가 나왔을 때 다음 내용이 앞의 내용과 연결되는지, 반대 의미여야 하는지 생각해야 다음 이야기를 만들어낼 수 있다. 만약 엄마가 '그런데'가 아닌 '그래서'라고 썼다면, 누나는 "두 마리를 시켰으면 좋겠다."라고 쓸 수 없다. 문장의 주술 관계나 호응 관계를 생각하면서 문장을 쓰고 글을 완성하는 것이 접속사를 활용하는 이어 쓰기다. 앞에서 이어 쓰기의 재미를 느낀 아이라면 접속사만 활용해도 재미있는 쓰기로 연결할 수 있다.

쉽게 긴 글을 만들게 하는 말

- "네가 한번 말해볼래?" : 짧은 문장 여러 개로 긴 글을 만들게 하는 말
- "오늘은 'ㅇㅇ'으로 이어 쓰기 해볼까?" : 주제를 재미있게 여기도록 하는 말
- "앞의 말을 잘 생각해서 써보자." : 접속사의 쓰임을 이해하게 하는 말

"뭐가 제일 좋았어?"

: 평범한 글감을 특별하게 만드는 말

아이와 다녀온 여행에 관한 이야기를 쓴다고 하자. 어디로 갔고 어디서 무엇을 봤고… 하는 형태로 쓴다면 크게 재미있을 리 없다. 여행지를 기억하고 문화재 이름을 나열하는 것만으로도 '이번 여행은 재미있었어' 하고 생각할 수도 있지만 아이는 생각보다 금방 잊어버린다. 특별하게 감흥이 남아 있기도 쉽지 않다.

학교와 학원, 집에서 보내는 일상에 대해 쓰는 경우도 마찬가지다. 일주일 내내 아침에 일어나 밥 먹고 학교 가서 공부하고 집에 돌아와 피아노 학원, 태권도 학원에 가는 아이는 매일매일이 똑같다. 특별한 것도 없고 새로울 깃도 없는 일상에서 무엇을 소재로 글을 쓸 수 있을까. 결국 '일기=하기 싫은 것'이 되는 것이다.

말을 잘하는 아이라도 쓰기를 어려워하는 경우가 많다. 글을 많이 읽었다고 해서 그것이 독서와 연계되지도 않는다. 특히 숙제로 써야 하는 일기장 앞에서는 대놓고 인상 쓰는 아이가 많다. 아이가 쓰기를 친숙하게 느끼고 조금 편안하게 느끼려면 쓰기에 앞서 엄마와 대화를 나누는 것이 필요하다. 여기서 대화는 쓸거리를 좀 더 풍부하게 만드는 힘이 된다.

엄마가 옆에서 "생각 좀 해, 생각 좀!", "아까 갔다 온 곳인데 왜 생각이 안 나?", "얼른 써.", "오늘 놀이공원 다녀온 거 쓰면 되잖아." 하면서 독촉하는 것은 절대 금물이다. 아이의 경험을 계속 끄집어내기 위해서 엄마가 말을 던지는 것이지, 아이가 기억하지 못하고 떠올리지 못한다고 타박을 해서는 안 된다.

경험을 머릿속에 떠올리는 것이 아닌, 말로 이야기를 나눌 때 아이는 자신의 경험이나 이야기를 정리할 수 있게 된다. 특히 엄마와 함께한 경험을 쓰는 것이라면 대화가 더욱 중요하다. 미처 생각하지 못한 것, 아이의 기억 속에 잠시 스쳐 지나간 것을 찾아내는 것도 엄마가 도와줄 수 있다. 엄마가 같이 경험한 것이기 때문에 아이의 기억을 더욱 재미있고 정확한 것으로 되새길 수 있다.

처음 글을 쓰기 시작하는 아이에게 소재 찾는 것부터 내용 정리, 쓰기까지 모든 것을 맡기지 않도록 한다. 아이의 쓸거리를 풍부하게 하는 것은 동기부여가 되는 엄마의 말, 그리고 아이의 이야기를 구체적으로 만들어내는 엄마의 말에서 출발한다는 점을 기억하자.

"오늘 다녀온 곳 중에서 가장 기억나는 곳은 어디야?"

아이들이 초등학교 6학년, 3학년일 때 함께 미국 여행을 다녀왔는데, 나에게는 큰 감동이었던 그랜드캐니언의 장대함이 아이들 기억에는 '와, 크다' 정도로밖에 남아 있지 않은 것을 보고 '역시 아이는 아이구나'라고 생각했다.

아이들 기억에 남아 있는 것은 라스베이거스에서 먹은 솜사탕 아이스크림, 유니버설 스튜디오의 해리포터 빌리지였다. 아이들 기억에 그것이 남아 있는 이유가 있었는데, 한가롭게 걸었던 라스베이거스의 밤거리와 해리포터 빌리지에서 팔았던 마술 막대를 흔들면 마술처럼 움직이는 여러 장치가 너무 재미있었기 때문이다. 특히 솜사탕 아이스크림은 그냥 솜사탕이 아니라 꿈틀이 등 온갖 젤리로 장식한, 우리나라에서는 본 적 없는 새로운 모양이었다.

그러다 보니 그랜드캐니언에 대해서는 한두 줄로 간단하게 일기를 쓴 아이들이 솜사탕 아이스크림 이야기는 한 단락을 쓴 것을 보고 아이가 좋아하고 관심 있는 내용은 길게 잘 쓴다는 사실을 새삼 확인했다.

여행 중의 이야기를 일기로 쓰는 경우라면 아이에게 관심 있었던 것 혹은 재미있었던 것이 무엇이었는지 생각해보도록 한다. 엄마의 생각에 아이를 맞추는 것은 금물이다. 내가 관심이 있고 내가 좋아하는 것, 아이가 이것만은 기억했으면 좋겠다고 생각하는 것이 더라도 아이는 관심이 없을 수 있고, 생각하기 싫을 수도 있기 때문이다. 아이에게 어떤 것이 좋았는지, 어떤 것이 가장 기억에 남는지 질문을 던져보자. 거기서부터 이야기가 출발할 수 있다.

"거기서 봤던 소라 껍데기가 여기 있네."

아이의 기억은 어떤 면에서는 구체적이지만 어떤 면에서는 매우 추상적이다. 이렇게 기억이 나지 않을 때, 재미있었던 일인데 잘 생각이 나지 않을 때 엄마의 질문이나 힌트가 기억을 상기시키는 힘이 된다.

시골에 가서 재미있게 놀았던 기억을 떠올릴 때, 오늘 하루 종일 시골에서 무엇을 하고 어떻게 놀았는지 시간 순서대로 기억해보는 것도 좋다. 하지만 글쓰기 소재로 아이에게 더 필요한 것은 '특별하게 재미있었던 순간'이다.

그런데 아이가 구체적이고 재미있는 일이 아니라 막연한 일을 이야기한다면 재미있는 소재를 찾아주는 것이 좋다. 예를 들면 '거기서 봤던 하얀색 강아지', '그곳에서 먹었던 맛있는 생선 요리', '물놀이하다가 튜브가 뒤집혀 물에 빠질 뻔한 일', '모래사장에서 주운 소라 껍데기' 등이다. 이를 통해서 아이가 구체적인 경험을 떠올릴 수 있도록 하는 것이 좋다.

"와, 거기서 찾았어? 파도가 왔으면 못 찾을 뻔했겠네."

처음부터 모든 이야기를 완벽하게 말하는 아이는 없다. 구체적인 이야기를 연결할 수 있도록 아이에게 기회를 주어야 한다. 그냥 그 장면, 그 내용만 생각해서는 글의 소재가 되지 않는다. '어떻게 찾은 소라', '어떻게 만난 강아지' 같은 앞뒤 내용이 필요하다. 그게 없다면 좋은 소재라고 보기 어렵다.

그것을 엄마가 불러주고 아이가 받아쓰게 한다면 아이는 스스로 쓰는 것을 점점 더 어려워한다. 아이 입으로 스스로 말할 수 있도록, 그리고 아이의 기억에서 글쓰기 내용을 채울 수 있도록 계속 연습해야 한다. 즉 엄마는 아이의 기억에서 글로 쓸 내용과 재미있는 소재를 생각해낼 수 있도록 도움을 주는 역할만 하면 된다.

아이 : "소라 엄청 예쁘지, 엄마? 사실은 이거 찾으려고 정말 힘들었어."

엄마 : "엄마는 모래사장에서 그냥 가져온 줄 알았는데, 그게 아니야?"

아이 : "소라 껍데기가 있어서 집으려고 하는데 바닷물이 막 오잖아."

엄마 : "어머, 빠질 뻔한 거야?"

아이 : "얼른 들고 막 뛰어온 거야. 그래서 바지가 젖었어."

엄마의 적당한 추임새만으로 아이는 충분히 경험을 이야기했다. 그것만으로도 글을 쓸 만한 많은 이야깃거리를 찾아낸 것이다.

"소라 껍데기 찾았을 때 이야기를 한번 써볼까?"

아이는 가장 기쁘고 행복했던 순간의 이야기를 하고 싶어 한다. 동기부여가 됐다면 이제 충분히 쓸 준비가 됐다.

이제 아이가 쓰고 있을 때 재촉하거나 길게 쓰라고 유도만 하지 않으면 된다. 때로는 아이가 신이 난 얼굴로 쓰고 있을 수도 있다. 그러면 괜히 들여다보거나 간섭할 필요도 없다. 이미 엄마와 충분히 대화를 나눈 아이는 소라 껍데기를 둘러싼 이야기를 쓸 준비가 됐으니까 말이다.

아이가 혼자 쓰고 싶어 한다면 기다려주는 것도 좋다. 아이가 옆에서 도와주기를 바란다면 이야기를 함께 정리해도 좋다. 대신 아이가 말하기 전에 엄마가 너무 많은 말을 하거나 아이의 글을 자꾸 수정하려고 하지 않도록 한다.

평범한 글감을 특별하게 만드는 말

- "가장 기억나는 곳은 어디야?" : 특별한 기억을 떠올리게 하는 말
- "거기서 봤던 ○○이 여기 있네?" : 아이의 기억을 구체적으로 떠올리게 하는 말
- "와, 거기서 찾았어?" : 아이 스스로 경험을 말하게 하는 말
- "○○ 찾았을 때 이야기를 한번 써볼까?" : 경험을 말한 후 정리하게 하는 말

"10분만 써보면 어때?"

: 집중하는 시간을 정해주는 말

정신 현상을 설명하는 이론 중 작동 흥분 이론이 있다. 독일의 정신의학자 에밀 크레펠린Emil Kraepelin이 명명한 이 이론은 신체가 일단 움직이기 시작하면 뇌가 흥분하기 시작해 귀찮고 하기 싫은 일에도 의욕이 생기고 집중하게 된다는 개념이다. 따라서 연필을 움직여 뭔가 쓰는 활동을 시작해야 흥미를 가지고 쓸 수 있다는 것이다.

글을 쓴다는 것은 종이 위에 연필을 들고 움직이는 과정이다. 그냥 연필만 움직이는 것이 아니라 머리로는 생각하고 내용을 떠올리고 앞 내용과 연결해가면서 이루어지는 복잡한 과정이다.

쓰기를 위한 노력은 글이 마무리될 때까지 지속되어야 하는데 아이가 집중력을 유지하도록 도와주어야 한다. 아이들의 집중 시간은 생각보다 길지 않다. 인내력이 부족한 아이는 한두 줄 쓰고 멈추거나 시간을 무한정 끌면서 몇 줄 쓰지도 못하는 경우가 많다. 30분이든 1시간이든 아이가 쓸 때까지 그냥 내버려두다가 잘 시간이 다 돼서, 혹은 학교 갈 시간이 다 돼서 빨리 쓰라고 말할 것이 아니다. 10분의 짧은 시간이라도 집중해서 글을 써보고 완성하는 연습이 반드시 필요하다. 조금씩 규칙을 정하고 기준을 정해보도록 하자.

"글이든 그림이든 일단 해볼까?"

처음에는 아이에게 편하게 무엇이든 쓸 수 있는 시간을 주는 것이 매우 중요하다. 글감이 잘 떠오르지 않을 때, 완성된 문장이나 글보다는 어떤 내용이든 편하게 써보도록 하는 것이다. 친구들과 대화한 내용, 아이들이 즐겨 말하는 내용도 좋다. 하고 싶은 일이나 게임 용어, 좋아하는 가수 이야기라도 상관없다. 글 쓰는 것 자체를 싫어한다면 처음에는 그림을 그리게 해도 좋다. 아이가 노트를 펴고 집중하는 시간, 편하게 뭔가를 끄적이는 시간을 갖도록 하는 게 중요하다.

일정 시간 동안 글을 쓰면서 종이를 채우는 시간을 가지는 것은 손을 움직여 글을 쓰도록 만드는 일이다. 종이를 앞에 두고 앉아 연필을 들었다는 것 자체가 쓰겠다는 의지의 표현이고 움직임이기 때문이다.

노트를 이용해 놀이하는 데 익숙해진 아이에게 주제와 시간을 함께 정해준다. 아이에게 길지 않은 시간을 주는 것이 포인트다. 처음에는 10분이 길다며 인상을 찡그리던 아이도 10분이 아주 짧은 시간이라는 것을 깨닫게 된다.

시계나 스톱워치를 이용해 시간이 흘러가는 것을 아이에게 직접 보여줘도 좋고 "5분 남았다.", "2분 남았다." 하고 알려줘도 된다. 그런데 중요한 것은 정말 10분이 아니어도 된다는 것이다. 아이가 온전하게 쓰기에 집중할 수 있는 적당한 시간이면 된다.

대신 아이가 완성할 때까지 무한정 기다리는 것은 금물이다. 10분이라고 정한 의미가 없어진다. 정해진 시간만큼 쓰기에 집중하고 조금 아쉬울 때 멈추는 것이 좋다. 그래야 다음에 또 시도할 기회가 있기 때문이다.

"시간을 한번 정해볼까?"

본격적으로 글을 쓰는 단계가 되면 내용을 생각하고 정리하는 시간은 쓰는 시간에 포함시키지 않는다. 충분히 생각을 정리할 시간을 주고 정해진 시간 내에 스스로 써보게 한다.

생각을 정리하고 쓰는 개요를 만드는 것은 엄마와의 충분한 대화, 생각 정리 등으로 이루어질 수 있다. 완성도 높은 한 편의 글을 쓰는 것보다 글쓰기 경험을 다양하게 하는 것이 우선돼야 한다.

엄마 : "저번에 우리 10분 정해놓고 써봤잖아. 시간 충분했어?"

아이 : "조금 더 필요할 것 같아."

엄마 : "그럼 어느 정도면 좋겠어?"

아이 : "20분. 10분이 그렇게 짧은 줄 몰랐어."

엄마가 시간을 정하지 말고 아이가 정하게 하는 것도 좋은 방법이다. 아이가 시간을 정한다는 것은 그 시간 동안 집중한다는 약속을 하는 것과 같기 때문이다. 아이 스스로 시간을 정할 수 있다면 글쓰기 집중에 대해 크게 걱정할 필요가 없다.

"생각하는 시간, 쓰는 시간을 나눠볼까?"

정해진 시간 안에 글을 써야 하는 경우, 예를 들어 백일장이나 논술 시험에서는 시간 안배가 중요하다. 주제를 보고 생각을 정리하는 데 필요한 시간을 얼마나 할애해야 하는지, 그리고 글을 쓰는 데 얼마의 시간을 써야 하는지 미리 생각해보는 것이 좋다.

아이 : "지난번에는 20분 정도는 생각하고 이야기하고 했던 것 같아."

엄마 : "맞아. 쓰는 데는 얼마나 걸렸니?"

아이 : "30분 정도 쓴 거 같아."

엄마 : "생각하고 워밍업하는 시간을 좀 줄여야겠구나."

시간을 정하고 글을 쓰는 연습을 해본 아이라면 시간 정하기가 그다지 어렵지 않을 것이다. 따라서 아이 스스로 시간을 배정할 수 있도록 엄마가 도와주는 것으로 충분하다. 그 전에 아이의 의견을 묻고 확인하는 것이 가장 중요하다.

집중하는 시간을 정해주는 말

- "글이든 그림이든 일단 해볼까?" : 글을 쓸 시간을 만들어주는 말
- "10분이면 될까?" : 집중할 수 있는 시간을 정해주는 말
- "시간을 한번 정해볼까?" : 아이 스스로 시간을 정하게 하는 말
- "생각하는 시간, 쓰는 시간을 나눠볼까?" : 쓰는 시간을 스스로 계획하게 하는 말

맞춤법이 엉망인 아이,
한글 공부부터 다시 해야 할까요?

"선생님, 이거 맞춤법 맞아요?"

국어국문학과 출신이라는 이유로 가장 많이 받는 질문 중 하나가 맞춤법이다. 지금도 나에게 맞춤법을 물어보는 사람이 많을 정도로 맞춤법은 어른에게도 어려운 것이다. 아이에게는 말할 필요도 없다. 띄어쓰기와 맞춤법은 쓰기에서 쉽지 않은 부분이다. 아이의 글에서 맞춤법을 고민하는 이유는 내용이 좋아도 맞춤법이 많이 틀리면 문제가 있어 보이기 때문이다. 요즘 인터넷상에 떠도는 많은 신조어와 줄임말도 아이들의 맞춤법에 큰 영향을 미친다.

맞춤법을 아느냐 모르느냐는 몇 가지 까다로운 맞춤법을 제외하면 사실상 독서를 얼마나 했느냐와 관련이 깊다. 책을 많이 읽어서 '사진 찍듯이' 맞춤법을 눈에 넣고 있는 아이는 글을 썼다가 '뭔가 이상한데' 하는 생각이 들면 틀린 맞춤법을 수정하게 된다. 아침이 '밝았다'에서 '밝'은 받침이 'ㄺ'이고 발을 '밟았다'에서 '밟'은 'ㄼ'인 것을 외우거나 학습해서 습득하기는 어렵다. 독서량이 적은 아이는 '밝았다'와 '밟았다'의 미묘한 차이를 빨리 찾아내지 못할뿐더러 어려워한다.

아이가 책을 통해 맞춤법을 좀 더 잘 익히기를 원한다면 문어체로 쓰여진 책이 더 좋다. 쓰기와 읽기의 연관성은 맞춤법에서도 드러나며, 아이가 읽는 양이 늘어날수록 '사진 찍듯이' 맞춤법을 기억하는 데 도움이 된다.

맞춤법 같은 언어 문법적 기능이 완성되는 것은 초등학교 1~2학년 때까지 기다려도 무방하다. 물론 그동안 대화와 독서라는 언어 자극을 통해 자연스럽게 글의 문법이 성장하도록 도와주어야 한다.

우리말에는 연음이라는 것이 있어서 책을 소리 내어 읽거나 말할 때 글자 그대로 읽지 않는 경우가 있다. 따라서 '쓰는 언어'와 '말하는 언어'가 다름을 알아야 하기 때문에 아이에게 맞춤법이란 더욱 어렵다. 초등학교 1학년이나 그 이전의 아이라면 맞춤법을 지나치게 강조하기보다 올바른 맞춤법을 알려주는 선에서 끝낸다. 아이가 싫어하는데 억지로 지우개를 잡고 지우게 해서는 안 된다.

특히 초등학교 1~2학년은 글이 두서가 없고 내용도 왔다 갔다 하면서 자기중심적으로 쓰는 것이 오히려 자연스러운 시기다. 형용사나 명사 같은 품사의 위치나 문장 구조, 맞춤법 등에 취약하다. 헷갈리는 글자(되/돼, 내가/네가, 같다/갔다, 않/안 등)와 받침도 많고 문장부호도 제대로 사용하지 못한다. 쓸데없이 접속사를 많이 쓰기도 한다. 이때 빨간색 펜을 들고 첨삭하듯이 맞춤법을 잡아내는 일은 절대 금물이다.

초등학교 글쓰기의 목표는 바른 문장 쓰기가 아니다. 아이가 쓴 글에서 지나치게 문법적인 요소를 잡아내거나 가르치면 쓰기에 대한 흥미를 잃게 된다.

초등학교 저학년 때는 글의 형식보다 글 내용에 좀 더 초점을 맞춰 쓰도록 격려한다. 맞춤법에 너무 집중하다가 글을 쓰는 의도나 내용 같은 중요한 것을 놓칠 수 있다. 아이의 글을 대하는 엄마는 이 점을 항상 염두에 두고, 작은 것을 취하려다 큰 것을 놓치지 않도록 조심해야 한다. 초등학교 시기는 쓰기를 즐거워하고 자신감을 가져야 할 때다. 초등학교 고학년이 됐는데도 여전히 맞춤법에 문제가 있다면 체계적인 반복 훈련이 필요하겠지만 초등학교 입학 전, 혹은 저학년의 경우는 조금 여유를 가져도 좋다.

Step 3. 본격 쓰기 단계

"오늘 있었던 일을 써볼까?"

: 글의 주제를 쉽게 떠올리게 하는 말

우리가 어떤 주제로 글을 쓸 때 쉽게 시작하기 어려운 이유는 보통 주제가 생소하거나 경험한 지 오래돼서 기억이 잘 나지 않기 때문이다. 아주 즐겁고 유쾌한 일이었거나 금방 경험한 일이 아니면 생생하게 기억하기 어렵다. 하물며 그것을 글로 옮기기는 더 쉽지 않다.

나 역시 여행할 때 블로그든 SNS든 현장에서 바로 글을 남기는 이유는 나중에는 잘 기억나지 않기 때문이다. 게으름 탓일 수도 있지만 '나중에 정리해야지'가 단 한 번도 통하지 않았다.

아이도 마찬가지로 자신 있게 쓸 수 있는 것은 지금 막 경험한 일, 지금 막 다녀온 장소에 대한 이야기일 것이다. 2박 3일이 어렵다면 오늘 저녁 숙소에서라도, 하루의 이야기를 말로 다 하기 어렵다면 금방 다녀온 마트 이야기라도 말하고 써보는 경험으로 충분하다. 처음부터 과학이나 환경보호 등을 주제로 글을 쓰는 것은 쉽지 않다. 자신의 일상 이야기가 가장 쉽다. 아이에게 가장 쉬운 주제부터 편안하게 접근하도록 해야 글쓰기에 대한 거부감이 줄어든다.

"슈퍼에서 우리가 뭘 샀지?"

아이가 가장 잘 기억하는 것은 '지금 막 겪은 일'이다. 기분이 좋았거나 나빴던 감정도 생생하게 기억한다. 따라서 이런 순간이 경험을 구체화하는 기회다.

슈퍼에 다녀오는 차 안에서, 또는 길을 걸으며 슈퍼에서의 경험을 이야기해보는 것도 좋다. 길에서 나누는 대화는 전혀 부담이 없고 그냥 수다라고 느껴질 것이다.

"아까 우리가 물 샀지?", "과일 코너에서 엄마가 고른 게 뭐야?", "넌 뭘 사고 싶었어?", "엄마가 다른 걸 사라고 한 이유는 뭐였어?" 와 같은 질문을 던지는 것도 좋다. 혹은 아이가 "아까 아이스크림 사고 싶었는데 엄마가 못 사게 해서 속상했어.", "아빠가 과자를 다섯 개나 사줘서 기분이 너무 좋았어."와 같이 자신의 감정을 드러내면 엄마가 받아주는 것도 좋다. 슈퍼에 다녀온 일상적인 경험이 재미있는 글이 되는 순간이다.

이렇게 방금 경험한 일에 대해 이야기를 나누고 바로 글을 써본다면 경험이 잘 드러나는 생생한 글이 될 수 있다. 그 감정이나 경험한 것을 잊어버리기 전에 글을 써보도록 유도한다.

"방금 탄 놀이기구 무섭지 않았어? 저 놀이기구가 롤러코스터야."

아이는 여행을 비롯해 경험을 하나하나 기억하는 것이 아니라 묶어서 통째로 떠올리는 경우가 많다. 여행을 하며 비슷비슷한 경험이나 체험을 하는 경우도 많고, '재미있었다'는 감정 하나로 생각하기 때문에 더욱 그렇다. 그래서 특별한 경험을 만들어주는 것이 필요하다.

놀이동산에 가면 보통 네다섯 가지 이상의 놀이기구를 타게 된다. 그러다 보니 금방 탄 놀이기구 이름도, 금방 경험한 재미있었던 일도 한꺼번에 놀이동산이라는 이름으로 기억하게 된다. 따라서 "지금 탄 거 어땠어? 무섭지 않았어? 이게 바이킹이야. 큰 배가 앞뒤로 빠르게 왔다 갔다 할 때 무서웠지?", "회전목마 타보니까 어땠어?"와 같은 질문을 던지는 것이 좋다. 아이가 재미있게 탄 놀이기구라면 이름을 알려주는 것이 좋다. 그 놀이기구를 탔을 때 느낌이나 기분을 물어보면 아이가 나중에 놀이기구 이름을 조금 더 쉽게 기억해낼 수 있다.

동물 체험을 하러 갔을 때도 여러 동물을 한꺼번에 보면서 만지고 먹이를 주는 것이 당시에는 신기하고 새롭지만 나중에 어떤 동물을 봤는지 생각해내기 어렵다. 따라서 아이가 동물에게 먹이를 주었다면 "우와, ○○가 양한테 먹이를 주었네. 근데 무엇을 담아준 거야?", "토끼한테 먹이 주니까 기분이 어때? 토끼가 무엇을 가장 잘 먹는 거 같아?"와 같이 동물 이름을 언급하면서 구체적인 느낌을 물어보는 것이 좋다.

"지금 우리 같이 시작해볼까?"

엄마가 SNS를 하거나 글을 쓰는 메모장을 활용하는 경우라면 아이와 함께 한 여행이나 경험에 대한 이야기를 써보는 것이 좋다. 엄마가 글을 쓰는 모습은 아이에게 좋은 자극이 된다. 엄마는 쓰지 않고 아이에게 쓰기를 강요하는 경우가 많다. 아이는 엄마와 같은 경험을 하고 싶어 하고, 그 경험을 이야기 나누고 싶어 한다.

"우리 한번 같이 써보자. 엄마도 아까 그 이야기 써보려고."
"너는 회전목마 탄 게 제일 재미있었다고 했지? 그럼 그게 좋겠다. 아빠
  는 아까 바이킹 탄 이야기 써볼게."

엄마가 쓴 글, 아빠가 쓴 글을 읽어보면서 같은 경험을 했더라도 어떤 점이 비슷하고 다른지 느낄 수 있고 나중에도 특별한 이야깃거리가 될 수 있다.

"맞아! 우리 ○○한 일이 있었지?"

방금 경험한 이야기를 쓴다고 하더라도 아이가 기억나지 않는 장면이 있다면 엄마가 기억하지 못하는 빈칸을 채워주어야 한다. "아, 맞아. ○○한 일이 있었어.", "아까 우리 거기서 넘어질 뻔했는데 어디였더라." 하면서 아이의 기억도 되살려주고, 글로 썼을 때 재미있을 것 같은 소재도 떠올려주면 좋다.

기억이나 말로 되살려주기 어렵다면 사진이나 영상으로 회상하게 하는 것도 좋은 방법이다. 나는 사진이나 동영상을 잘 찍어두는 편이다. 나중에는 쓸모없을 수 있겠지만 매일매일의 기록이라고 생각한다. 그것을 아이들과 함께 나누기도 하고 필요할 때 보여주기도 한다. 무의식 속에 있는 기억이 사진이나 영상을 통해 되살아날 수 있다. 그래서 기록으로 남겨둔 사진은 그림처럼 예쁘지 않아도, 약간 핀이 안 맞아도 아이가 무엇인가를 하는 찰나를 놓치지 않고 담아두는 편이다.

그렇게 아이에게 사진이나 영상을 다시 보여주거나 아이의 기억을 조금 더 보완해서 맞장구쳐주면 아이가 자신감을 가지고 그다음 이야기를 잘 연결해서 쓰는 경우가 많다. 아이가 기억을 떠올리게 도와주고 글을 쓰는 데 도움을 주기 위해서 어떻게 이야기를 나누면 좋을지 잘 생각해보자.

- "슈퍼에서 우리가 뭘 샀지?" : 방금 경험한 것을 나누는 말
- "방금 탄 놀이기구 무섭지 않았어?" : 경험을 구체화하는 말
- "지금 우리 같이 시작해볼까?" : 엄마와 아이가 함께 쓰게 하는 말
- "우리 ○○한 일이 있었지?" : 아이의 기억을 보완해 소재를 다양화하는 말

"네가 좋아하는 ○○를 써볼까?"

: 아이가 신나게 쓰도록 자극하는 말

무엇인가를 신나게 해본 경험, 그리고 시간 가는 줄 모르고 완성 해본 경험이 한두 번만 있더라도 자신감이 붙는다. 글쓰기뿐만 아 니라 모든 일에서 그렇다. 처음에는 더디더라도 익숙해지고 그것을 신나게 해본 경험이 쌓이면, 예전에 더뎠던 기억은 사라지고 '왜 이 걸 어려워했을까' 하게 된다.

시간 가는 줄 모르고 글쓰기에 빠졌던 경험, 이런 경험이 쌓여 자 신감이 생긴다면 이후 글쓰기는 문제없다. 학년이 올라가면서 그 시기에 맞게 기본적인 어휘력, 문해력이 쌓이고 그것을 쓰기에 반 영할 수 있다면 글쓰기에 날개를 다는 것과 마찬가지다.

읽기에 집중이 필요하듯이 쓰기에도 몰입이 필요하다. 아이가 몰입해서 글을 쓰는 동안에는 건드리지 말아야 한다. 무슨 내용을 어떤 종이에다 어떤 자세로 쓰고 있든지 그냥 내버려두어야 한다.

아이가 쓰기에 몰입하는 순간은 자신이 가장 좋아하고 관심 있는 분야를 쓰는 것이다. 읽기처럼 쓰기에서도 아이가 좋아하는 분야를 찾고, 그것에 대한 배경지식과 정보, 경험이 쌓이게 만드는 것은 필수다. 쓰기 집중 단계에서도 글쓰기 전 기본 정보를 얻기 위해서 엄마와의 대화는 여전히 필요하다.

대신 아이가 그동안의 경험을 바탕으로 스스로 글을 쓰기 위한 준비를 시도해보기도 한다. 조금 미숙하더라도 스스로 자료를 찾고 다른 책을 들여다보는 과정을 격려해준다. 물론 도움을 요청하면 받아주고 이전에 하던 대로 다양한 대화를 시도하며 아이의 생각 그릇이 풍부해지도록 도와주어야 한다. 이제 쓰기 문해력을 충분히 갖추었기 때문에 쓰기에 날개를 달게 될 것이다.

(말 걸지 않고 가만히 두기)

아이가 무엇인가를 끄적이고 있다면, 표정이 즐겁고 상기되어 있다면, 그리고 별다른 도움을 원하지 않는다면 아이를 그냥 내버려두는 것이 좋다. 바닥에 엎드려서 글을 쓰더라도 말이다.

물론 글을 쓸 때 의자에 바른 자세로 앉아 쓰는 것은 중요하다. 하지만 아이가 뭐를 솜 써볼까 하는데 "바르게 앉아." 이렇게 소리

높여 말한다면 쓰고 싶은 의지를 꺾을 수도 있다. 뭘 해보려고 하는데 엄마가 "공부해."라고 하면 공부하기 싫었던 경험, 모두에게 있지 않은가.

따라서 아이의 자세를 바르게 고쳐주고 싶더라도 물러서서 지켜보는 것이 현명하다. 오랜 시간 동안 뭔가를 써본 경험, 말이 조금 이상하더라도 재미있어서 몰입해서 써본 경험은 아이에게 매우 의미가 크다.

글쓰기를 마친 아이에게 "아까, 너 엄청 열심히 쓰더라. 무슨 내용인데 그렇게 신이 났어?" 같은 말 한마디면 충분하다. 간섭하지 않고 검사하지 않는 글이기 때문에 아이는 생각과 느낌을 마음껏 썼을 것이다. 자신의 글에 대해 자세히 말해줄지도 모른다. 내용과 형식은 부족하더라도 아이에게 가장 빛나는 글 쓰는 순간이었을지도 모른다. 다음 글도 이렇게 쓸 수 있다는 자신감은 덤이다.

"뭐든 좋아. 네가 정해서 써볼까?"

주제도 소재도 내용도 그동안 엄마가 돕고 가이드했다면 이제는 아이에게 주도권을 넘긴다. 그리고 아이가 어떤 것을 쓰든지, 내용이 아무리 유치하고 소박하더라도 기다리고 여유 있게 생각하는 것이 중요하다. 떡볶이를 좋아하면 떡볶이 만들기에 대해 써보라고 해도 좋고, 아이돌 그룹이나 유튜버를 좋아한다면 그 사람에 대해 써보라고 해도 좋다. 그것만으로도 아이는 자신감을 얻을 것이다.

하지만 좋아하는 소재라 하더라도 몇 줄 쓰면 쓸거리가 없다는 것을 아이는 금방 알게 된다. 이럴 때 그동안 글쓰기 전에 엄마와 연습했던 여러 방법을 떠올리게 된다. 만약 내용을 채워서 충분히 쓸 수 있다면, 이미 그 주제에 대해 충분한 내용을 가지고 있다는 것이므로 그 역시 의미가 있다. 좋아하는 특정 주제로 아이가 충분히 쓸 준비가 되어 있다는 뜻이기 때문이다.

"오늘 쓴 것에서는 ○○이 좋았어. 네가 생각해낸 거야?"

아이가 쓴 내용을 엄마에게 읽어주고 싶어 하거나 다른 형태의 도움을 원할 때는 고칠 내용이 많더라도 좋은 점만 말해주는 것이 좋다. 어떤 부분을 실감 나게 묘사했다거나 설명한 부분이 아주 적절했다거나 쏙쏙 이해가 잘됐다거나 대본 형태로 써서 더 좋았다거나 하는 식이다.

아이의 글에서 수정할 부분을 찾기보다 아이가 무엇을 잘 썼는지, 어떤 것이 칭찬받을 만한지를 먼저 찾아내는 눈이 아이를 더욱 신나게 한다. 특히 자신이 쓴 글로 엄마에게 칭찬받는 것만으로도 아이는 쓰기에 대한 자신감을 얻는다.

잘못된 점, 틀린 점을 찾아낼 때도 맞춤법, 띄어쓰기, 문법 등은 되도록 잡아내지 않는다. 전체적 흐름에서 잘 맞지 않는 부분이나 내용이 있다면 고쳐볼 것을 권하는 정도가 좋다.

"열심히 쓴 글인데 한번 내볼까?"

학교에서 열리는 백일장 같은 행사에 아이의 글을 한번 내보게 하는 것도 좋다. 학교에서 보내는 가정통신문이나 홈페이지의 공지 사항을 보면 심심치 않게 글짓기 대회가 열리는 것을 알 수 있다.

아이의 글이 다른 곳에서 인정받는다면, 아이가 글쓰기에 좀 더 자신감을 갖게 된다. 당선되지 않더라도 대회에 글을 냈다는 것 자체가 완성된 글을 써본 경험이 있다는 것이기 때문이다.

글쓰기는 자신을 표현하는 가장 좋은 수단이라는 말이 있다. 자신을 글이라는 매개체로 표현하고, 그것을 풍부한 어휘와 경험으로 녹여내는 소중한 경험을 아이도 충분히 할 수 있으며, 이런 경험을 통해 쓰기 능력을 갖추게 된다.

아이가 신나게 쓰도록 자극하는 말

- (말 걸지 않고 가만히 두기) : 집중할 수 있는 기회를 주는 방법
- "뭐든 좋아. 네가 정해서 써볼까?" : 쓰기를 주도하도록 하는 말
- "네가 생각해낸 거야?" : 아이의 아이디어를 칭찬하는 말
- "열심히 쓴 글인데 한번 내볼까?" : 자신의 글로 도전하게 하는 말

"이 내용은 편지로 써볼까?"

: 글의 형식을 정하도록 유도하는 말

글쓰기 초기 단계에서 아이가 스스로 형식을 정해서 쓰는 것은 거의 불가능하다. 그래서 보통 자신의 경험을 기록하는 일기를 가장 많이 쓴다. 한 줄 한 줄 채워 쓰기도 어려운 아이 수준에 다양한 형식을 이야기하기는 어렵다.

초등학교 3학년이 되면 교과서 안에서도 다양한 글쓰기 경험을 하게 된다. 읽기 자료에서도 여러 형식의 글을 접할 수 있다. 설명문, 편지, 감상문, 시, 부탁하는 글 등 다양한 형식의 글이 실려 있다.

글쓰기 형식에서 염두에 두어야 할 것은, 어떤 글이든 자신의 의견이나 생각을 구체적으로 밝힐 것, 그리고 알맞은 이유를 들어 그것을 뒷받침해야 한다는 것이다.

자신의 의견을 주장하는 글의 경우, 주장의 내용도 중요하지만 근거가 명확해야 한다. 독서 감상문을 쓸 때 가장 잘 드러나야 하는 것은 책의 줄거리가 아니라 어디서 가장 감동받았고, 어느 부분이 가장 기억에 남느냐다. 줄거리를 나열하는 것만으로는 잘된 글이라고 보기 어렵다. 상대를 고려한 소통법을 배울 수 있는 편지 쓰기는 읽는 사람이 누구인지에 따라 똑같은 내용이라도 높임말을 써야 하는지, 안부부터 물어야 하는지를 먼저 생각해야 한다. 글의 정확한 근거로 그림, 사진, 도표, 기사, 동영상 등 다양한 매체를 적절하게 활용하기도 한다. 책이나 영상 등에서 근거를 제시했다면 어디서 가져온 것인지 저작권에 위배되지 않도록 인용이나 각주를 다는 방법을 배우기도 한다.

글쓰기 심화 단계에서는 다양한 형식을 통해 글의 표현법을 배운다. 내 글을 어떤 형식으로 담아내는 것이 가장 좋은지도 알 수 있다. 처음에는 어떤 형식으로 글을 써야 할지 몰라 어려워하더라도 여러 가지 방법을 시도해보면서 글 쓰는 재미를 느끼게 된다.

"어떤 방법이 제일 좋을 것 같아?"

아이가 글을 쓸 때 좋아하고 편하게 느끼는 형식을 찾아보는 것이 좋다. 이를 위해서는 글 종류로 어떤 것이 있고 어떤 것이 더 좋은지 아이 스스로 찾아보거나 엄마와 대화를 나누며 찾아본다.

우선 글의 형식에 대해 접해본 경험이 있어야 하므로 초등학교 저학년생에게는 어려울 수밖에 없다. 독서량이 많아서 다양한 장르를 접해본 아이라면 좀 더 빠르게 글의 형식을 파악할 수 있지만, 대부분의 아이는 글의 형식에 민감하지 못하다.

먼저 아이와 함께 글의 형식에 대해 이야기해보는 것이 좋다. 편지는 어떤 글이고 대본은 어떤 글이고 감상문은 어떤 글인지를 이야기해본 다음, 아이가 편안하게 쓸 수 있고 좋아하는 방식을 찾도록 유도한다.

> 엄마 : "편지 형식으로 쓰면 대화하는 것처럼 쓸 수 있으니까, 주인공에게 편지를 쓰는 방식으로 해도 좋은 감상문이 될 것 같아."
>
> 아이 : "그런데 편지는 한 번도 써본 적이 없어서 나한테는 많이 어려울 거 같아."
>
> 엄마 : "그러면 어떤 걸 가장 많이 써봤어? 뭐가 제일 자신 있어?"
>
> 아이 : "감상문. 제일 많이 써봐서 자신 있어."

자신에게 맞는 형식, 자신 있는 형식을 찾아주는 엄마 덕분에 아이는 생각과 느낌을 글이라는 형태로 펼칠 기회를 얻을 수 있다.

"편지글로 썼을 때 좋은 점은 뭘까?"

형식을 고민하는 아이와 편시가 이떤 것인지, 감상문이 어떤 것인지, 대본이 어떤 것인지를 먼저 이야기 나누는 것이 좋다. 아이가 글의 형식에 대해 제대로 알지도 못하는데 어떤 형식으로 쓸지를 말할 수는 없다.

아이가 글의 형식에 대해 잘 모를 때는 설명해준다. 글을 쓰기만 했던 아이가 글을 담는 형식에 대해서도 고민하게 되고, 각 형식의 장단점을 알게 된다.

"이 글은 어떤 형식으로 하면 가장 잘 맞을까?"

쓰고 싶은 내용과 형식을 아이가 정할 수도 있지만, 주제에 따라서 글의 형식을 정해야 할 때도 있다. 글에 따라 아이가 형식을 정해보도록 유도해야 할 수도 있다.

내가 초등학생 때 백일장에 나갔는데 주제가 환경보호였다. 나는 10분 넘게 글 내용보다 어떻게 써야 할지를 고민했다. 어차피 내용은 정해져 있고 주제도 뻔한데 똑같은 논설문 형식으로 쓰면 재미없을 것 같고 참신하지도 않을 것 같았다. 결국 나는 동생에게 '이러 저러하게 환경을 보호하자'는 내용의 편지를 쓰는 것으로 정했다. 그날 내가 쓴 글이 최우수상은 못 받았지만 여러 편의 수상작 중 하나로 뽑혔다.

엄마는 아이가 원하는 형식이 있다면 존중하고 그 형식에 맞게 글을 잘 쓰도록 도와주면 된다. 만약 독서 감상문을 편지 형식으로 쓰겠다고 정했다면 주인공에게 편지를 쓸 것인지, 작가에게 쓸 것인지, 아니면 주인공을 힘들게 한 사람에게 쓸 것인지를 정해야 하고 그것에 따라 내용이 달라진다는 것을 알게 해야 한다.

글의 형식을 정하도록 유도하는 말

- "어떤 방법이 제일 좋을 것 같아?" : 스스로 형식을 떠올리게 하는 말
- "○○ 형식으로 썼을 때 좋은 점은 뭘까?" : 형식의 장점을 생각하게 하는 말
- "어떤 형식으로 하면 가장 잘 맞을까?" : 글 내용에 맞는 형식을 생각하게 하는 말

"어떻게 이런 생각을 했어?"

: 다음 쓰기를 도전하게 하는 격려의 말

논술 시험 혹은 글쓰기 시험을 떠올릴 때 흔히 '글을 잘 쓰는지 평가'하는 것이라고 생각하는 사람이 많다. 글쓰기는 기술이 아니다. 독서와 경험이 부족하고 논리적 사고가 부족한 아이에게 논술의 기술을 가르친다고 해서 글을 잘 쓸 수 있는 것은 아니다.

글을 쓸 때 가장 중요한 것은 미사여구를 동원해 얼마나 글을 잘 쓰느냐가 아니라, 지문을 정확하게 읽고 문제가 요구하는 바를 파악하는 '의도에 대한 이해력'이 필수다.

글을 잘 쓰는 아이와 그렇지 않은 아이의 중요한 차이는 전략이다. 글을 잘 쓰는 아이는 내용을 채워 넣기 위해 크게 고민하지 않는다. 글을 잘 쓰지 못하는 아이는 자신이 아는 얕은 지식을 활용해 써보려고 하지만 내용을 채워 넣기가 쉽지 않다. 결국 글쓰기의 기본은 얼마나 깊고 다양한 경험과 지식이 쌓여 있느냐다.

지식이나 경험이 풍부한 아이는 전략적으로 내용을 바꿔 쓸 수 있다. 경험적 이야기를 바탕으로 이렇게 접근했다가 저렇게도 접근해보는 것이다. 엄마는 어떤 방법으로 접근하면 좋을지에 대한 다양한 아이디어를 제공하면 된다.

아이는 보통 글을 쓸 때 뭔가 새로운 것을 써야 한다고 생각하기 쉽다. 특히 글쓰기에 욕심이 있고 주제가 주어진 글쓰기에서는 더욱 그렇다. 이전 것과 다른 특별한 것을 써야 한다고 생각하는 아이에게 얼마나 힘든 과제일지 상상할 수 있다. 하지만 모든 글이 이전 글과 달라야 할 이유도, 완전히 새로워야 할 이유도 없다.

아이에게 '어제와 조금 다른 오늘이면 된다', 똑같은 소재여도 '조금만 다르게 생각하면 된다' 혹은 '표현만 조금 달라도 된다'는 말로 격려해준다. 그리고 아이가 찾아내려고 애쓴 '조금 다른 이야기' 혹은 '남들이 생각하지 못한 표현'을 칭찬해준다. 이것이 아이가 다음 글을 쓰는 힘이 될 수 있다.

"의성어나 의태어를 넣어볼까?"

같은 표현에 실감 나는 단어 하나만 더해도 글맛이 많이 달라진다. 그리고 같은 내용인데도 조금 다르게 느껴진다.

(1) 오늘 피아노 학원에서 젓가락 행진곡을 배웠다. 손가락을 빠르게
움직였다.

→ 오늘 피아노 학원에서 젓가락 행진곡을 배웠다. 손가락을 통통
빠르게 움직였다.

(2) 동생은 나비를 발견하고 뛰어갔다.

→ 동생은 팔랑팔랑 날아가는 나비를 발견하고 팔짝팔짝 뛰어갔다.

같은 소재, 같은 이야기에 의성어, 의태어만 사용해도 느낌이 달라진다. 특히 역동적인 이야기나 생활 이야기를 쓸 때 이런 표현이 몇 개만 들어가도 생동감이 넘친다. 그것만으로도 아이의 글쓰기는 남들과는 다른, 새로운 이야기로 다시 태어난다.

"이 모습을 보고 어떻게 이런 표현을 했어?"

글의 재미는 적절한 비유법에서도 나온다. 빼빼 마른 아이를 '성냥같이 말랐다'고 표현한다거나 동그란 얼굴을 '보름달 같은 얼굴'로 표현하는 것이다. 너무 흔한 것이 아니라면 비유법은 글을 새롭고 참신하게 만드는 일등공신이다.

비유법을 잘 사용하려면 상위언어 능력이 발달해야 한다. 전혀 다른 대상 두 개를 하나의 관점으로 연결해서 하나의 어휘로 만드는 것이 비유법이기 때문이다. 비유법을 쓰려면 두 대상의 특성을

잘 알고 어떻게 연결해야 할지 잘 생각해야 한다. '주사위 같은 내 마음'이라면 '지금 내 마음이 어떻게 어디로 던져질지 모른다는 불안감'으로 연결되어 있을 것이고, '솜사탕 같은 내 마음'은 '가볍고 날아갈 것 같은 들뜬 마음'을 표현한 것으로 볼 수 있다. 이때 주사위나 솜사탕을 문장 안에서 어떻게 표현할지 엄마가 이끌어주어야 한다. 그것이 어색하지 않고 적절해야 하기 때문에 더욱 쉽지 않다.

글을 쓰기에 앞서 단어로 직유법을 표현하는 연습을 많이 해보면 좋다. 단어 목록을 만들고 그 단어가 나왔을 때 그것을 직유법으로 표현해보는 것이다. 예를 들어 사과, 딸기, 바나나 등의 과일 이름 카드를 만들어 카드를 뒤집었을 때 나온 과일 이름을 넣어 직유법 구절을 만들어보는 것이다. '저녁노을처럼 빨간 사과', '주근깨처럼 씨가 콕콕 박힌 딸기', '오이처럼 껍질이 긴 바나나' 같은 표현이다. 그런 연습을 통해 단어를 확장해나가면 글이 풍성해진다.

"다른 관점에서 생각해볼까?"

보통 물건을 볼 때 앞에서 본다. 그런데 조금 다른 위치에서 보면 전혀 다르게 느껴진다. 물건을 위에서 아래로, 아래에서 위로, 조금 다른 위치에서 보는 것만으로도 충분히 다른 이야기를 만들 수 있다.

엄마가 물건 사는 장면을 옆에서 보는 것과 가게 주인 입장에서 보는 것과 엄마 입장에서 보는 것은 완전히 다른 느낌을 준다. 비슷한 이야기인데 어떤 입장에서 볼 것인지, 입장과 관점만 달리해도 전혀 새로운 글이 될 수 있다. 다음은 콩나물 사는 장면을 세 가지 관점에서 바라보고 쓴 글이다. 어떤 것이 가장 아이 입장에 가까운지 생각하게 해보자.

(1) "조금만 더 주세요." 엄마는 웃으면서 말했다. 나는 그런 엄마가 민망했다. 가게 주인이 충분히 많이 집어준 것 같은데 엄마가 계속 더 달라고 하는 것이 말이다. 나는 엄마를 잡아끌었다. (옆에서 보는 아이의 관점)

(2) "조금만 더 주세요." 손님은 웃으면서, 콩나물을 집어 드는 나에게 말했다. 나는 웃으며 "이 정도면 많이 드린 거예요."라고 말했다. 그러고는 한 움큼 더 집어서 봉지에 넣었다. (주인 입장에서 보는 관점)

(3) "조금만 더 주세요." 웃으면서 말했다. 아무래도 주인이 집어 드는 콩나물의 양이 마음에 들지 않았다. 조금 더 줄 수 있을 것 같은데 저렇게 냉정하다니. (엄마 입장에서 보는 관점)

어떤 입장에서 쓰는 것이 내 마음이나 생각을 잘 드러낼 수 있을지 생각하고 글을 쓴다면 조금 다른 느낌의 새로운 글이 나올 수 있다. 아이의 글쓰기에서는 (1)과 같이 아이 입장에서 쓰는 것이 가장 무난하다. 하지만 다른 입장에서 생각했을 때 더 재미있는 시선이나 글이 나올 수 있다는 점을 알려주고 다음에는 그렇게 글을 써보도록 격려하면 좋다.

- "의성어나 의태어를 넣어볼까?" : 글을 생동감 있게 만드는 말
- "어떻게 이런 표현을 했어?" : 아이의 글을 특별하게 느끼게 만드는 말
- "다른 관점에서 생각해볼까?" : 다른 관점을 생각하게 하는 말

논술이나 쓰기 수업은 꼭 해야 하나요?

우리나라 엄마들은 아이가 네다섯 살만 되면 한글 공부를 시켜야 하는 것은 아닌지 고민할 정도로 읽고 쓰는 것에 관심이 많다. 한글을 배우기 시작하는 연령이 너무 낮아서 당황스러울 때도 있다. 쓰기 교육의 시작도 빨라서 아이가 초등학교에 입학하기 전에 받아쓰기 연습을 하는 경우도 많다.

그런데 우리나라의 쓰기 교육은 출발점이 받아쓰기라는 것에 한계가 있다. 일기를 쓸 때도, 문장을 쓸 때도 받아쓰라고 할 때가 많다. 그것은 아직 쓰기 준비가 되지 않았는데 글을 쓰도록 하기 때문이다. 초등학교에 입학하면 가장 많이 쓰는 것이 알림장, 일기, 독서 기록장이다.

핀란드의 경우는 본격적인 쓰기 교육이 초등학교 3학년 때 시작되는 것을 보고 '우리나리가 정말 빠르구나' 하고 느꼈다. 그런데 핀란드는 받아쓰기가 아니라 에세이 쓰기부터 시작한다. 자기 생각과 자기 경험을 쓰기 위한 충분한 브레인스토밍 과정을 거친 뒤 글을 쓰기 시작한다.

작문 수업의 시작은 말로 하는 수업이다. 분명히 '작문'이라고 되어 있는 수업 시간에 종이와 펜을 들고 책상에 앉는 것이 아니라 밖으로 나가서 선생님, 친구들과 함께 대화를 나누는 모습을 보고 '이것이 왜 작문 시간인지' 의문이 들었다는 글을 본 적이 있다. 이러한 과정은 문해력에서 매우 중요하다. 질문과 대화를 통해 자신의 이야기를 풍성하게 만들어야 제대로 된 글이 나오기 때문이다.

즉 단순히 문장을 받아쓰는 형태와 다르게 생각이나 느낌을 담은 글을 쓰는 것은 문장을 쓰는 연습이 어느 정도 이루어지고, 배경지식을 바탕으로 생각을 정리할 수 있어야 훨씬 더 효율적이라는 것이다. 본격적인 쓰기가 이루어진다는 것은 충분한 대화를 통해 생각을 정리할 수 있어야 한다는 것을 전제한다.

일반적으로 초등학교 저학년의 논술 수업은 말이 논술 수업이지 사실상 독서, 즉 읽기 수업에 가깝다. 충분한 경험과 생각 없이는 쓸 수 없기 때문에 그에 대한 경험으로 책을 읽도록 유도하고 어휘력을 익히기 위한 다양한 수업을 진행하게 된다. 그것 역시도 본격적인 쓰기를 위한 준비 과정이라면 충분히 의미가 있다.

논술 수업에서 아이가 써 온 글에 평소 잘 쓰지 않는 말이나 문어체 표현이 많다면, 아이의 글이 아닐 확률이 높다. 보여주기식 글쓰기는 진정한 아이의 글이라고 보기 어렵다.

따라서 아이가 자신의 생각을 글로 얼마나 잘 써냈느냐가 칭찬의 기준이 돼야 한다. 나이에 어울리지 않는 글을 써냈다면 거기에는 어른의 손이 개입됐을 가능성이 크다. 이런 식이라면 엄마의 기분은 좋겠지만 아이의 쓰기가 제대로 이루어질 리 없다.

만약 논술 수업에서 문장을 다듬고 맞춤법을 고치는 것만 한다면 크게 의미가 없다. 진정한 쓰기는 스킬이 아니라 내용을 제대로 갖추는 것이다. 따라서 아이가 쓴 문장이나 글을 빨갛게 수정만 하는 곳이라면 그 역시도 적당하지 않다.

어린 시절에 쓰기 교육을 시작한다면 워밍업 차원에서 시도해보는 정도가 좋다. 이제 막 쓰기를 시작하는 아이에게 정확하고 완벽한 글쓰기를 강요하는 것은 아이가 쓰기로부터 점점 멀어지게 만드는 지름길임을 잊지 말아야 한다.

초등학교 시기에는 문장을 틀리지 않고 맞춤법에 맞게 정확하게 쓰는 것보다 사신의 생각과 느낌을 잘 정리해서 표현하는 것이 훨씬 더 중요하다. 경험도 어느 정도 쌓이고 개념이나 내용도 잘 알고 생각을 정리할 수 있다면, 아이의 쓰기 교육은 본격적인 상승 곡선을 그릴 것이다.